Lutz Schumacher

Eigentlich wollte ich doch nur einen Toaster

GOLDMANN
Lesen erleben

Lutz Schumacher

Eigentlich wollte ich doch nur einen Toaster

Bin ich zu blöd, oder liegt's
an der Technik?

GOLDMANN

Originalausgabe

FSC www.fsc.org
MIX
Papier aus verantwortungsvollen Quellen
FSC® C014889

Verlagsgruppe Random House FSC-DEU-0100
Das für dieses Buch verwendete FSC®-zertifizierte Papier *EOS* liefert Salzer Papier, St. Pölten, Austria.

1. Auflage

Umschlaggestaltung: UNO Werbeagentur, München
Umschlagmotiv: FinePic®, München
Satz: Buch-Werkstatt GmbH, Bad Aibling
Druck und Bindung: Friedrich Pustet KG, Regensburg
Printed in Germany
ISBN 978-3-442-31299-3

www.goldmann-verlag.de

Inhalt

1 Aufstand der Geräte

Zum Verzweifeln: Eine Koalition aus Kaffeemaschine, Dusche und Kühlschrank erklärt mir den Krieg

Neulich war es endlich so weit. Meine Kaffeemaschine übernahm die Herrschaft in meinem Haushalt. Es war kein blutiger Putsch, kein triumphaler Einmarsch – mehr eine schleichende Machtergreifung nach einem stressigen Arbeitstag. Jetzt einen schönen Cappuccino mit frisch geschäumter Milch, dachte ich noch unbesorgt, als ich müde die Wohnung betrat und meine Aktentasche in die Ecke pfefferte. Pfeifend füllte ich den Wasserbehälter und montierte das Milchgefäß vor den für teures Geld erstandenen Espresso-Vollautomaten. Dann der Klick auf den An-Schalter.

»Automatische Reinigung startet«, informierte mich das Display knapp, und die Maschine brummte vor sich hin, während sie braunes Wasser in das eilig von mir hingeschobene Glas sprudelte. »Bereit«, meldete sie sich schließlich, scheinbar sehr dienstbeflissen. Kaum hatte ich jedoch die Cappuccino-Taste gedrückt beziehungsweise die Tastenfolge, die ich die Woche davor nach halbstündigem Studium der Bedienungsanleitung als korrekt ermittelt hatte, begann der Umsturz: »Abfallbehälter leeren!«, verlangte der Metallklotz und ignorierte meinen erneuten Versuch, die Cappuccino-Kombi zu drücken. Mit gerunzelter Stirn schraubte ich das Milchreservoir wieder ab und öffnete die Verkleidung, um den Abfallbehälter zu leeren, in den der Automat nach jedem Mahl- und Brühvorgang ein »Plätzchen« aus gepressten Espressoresten ablegt. Es überraschte mich nicht, dass der Behälter gerade einmal halb voll war.

Geschafft. Behälter wieder einsetzen. Verkleidung wieder schließen. Milchkanne wieder dranmontieren. Stirn wieder runzeln. Startkombination wieder eingeben. Warten. Gähnen. Warten. »Entkalkungsprogramm startet«, erklärte die Maschine nach einer geraumen Weile. Ein roter Knopf leuchtete auf. Das Display befahl: »Entkalkungsmittel zugeben!«

Ich hatte keine Lust mehr auf Kaffee und drückte den Aus-Schalter. Das Gerät fiepte. Es ließ sich nicht ausschalten. Ich schaute umher. Wo hatte ich bloß das blöde Entkalkungsmittel hingetan? Stimmt, in den braunen Küchenschrank! Aber hatte ich es nicht unlängst verbraucht? Und nicht nachbestellt? Siedend heiß fiel mir das jetzt ein, während ich unruhig zwischen Schrank und Automat hin- und herblickte. Es war ein alter Kaffeevollautomat, ohne Internetzugang, sonst hätte er vielleicht auch ohne mich eine Bestellung von acht Packungen »Kalk-Patrol forte plus« ausgelöst. Offenbar war diese Maschine besonders empfindlich, was Kalk anging. Ich hatte das Gefühl, dass sie am liebsten nach jeder Benutzung entkalken wollte, so wie viele Menschen bei jedem Duschen ein Peeling verwenden.

Mit einem Glas Leitungswasser – was ja auch irgendwie lecker ist – setzte ich mich stöhnend an den Küchentisch. Wahrscheinlich würde das Kaffeebiest sich irgendwann später abschalten. Das hoffte ich wenigstens. Denn dann könnte ich zu McDonald's gehen. Vielleicht würde es ja dort mit dem Heißgetränk klappen …

Die Menschheit gibt es eigentlich schon recht lange, genau gesagt mindestens 2,6 Millionen Jahre, wenn man einschlägigen Ausgrabungen und Untersuchungen Glauben schenken darf. Die meiste Zeit davon haben die Menschen in der Steinzeit gelebt. Das bedeutet: Mehr als 80 000 Generationen von Menschen – der Älteste davon wäre vermutlich Ihr 80 000-mal-Ur-Opa – sind ohne die Segnungen der modernen Technik ausgekommen. Sie sind sogar fast ohne alles ausgekommen, die ersten zwei Millionen Jahre gab es nämlich außer Faustkeilen praktisch nichts. Nein, nicht mal einen elektronischen Nasenhaarepilierer, der tauchte erst viel später auf – falls sich die Wissenschaft hier nicht fundamental irrt. Für uns moderne Menschen, die beim Gedanken an eine kalte Höhle zu schaudern beginnen und sich erst recht bei der Vorstellung irgendwelcher Typen gruseln, die mit Faustkeilen oder Keulen aufeinander einprügeln, ist das bestimmt schwer vorstellbar.*

* Andererseits: Sind Sie schon einmal beim Kickboxen gewesen? Oder wie ich neulich hinter einem Müllwagen hergefahren? Nein? Schade, sonst hätten auch Sie den Mülltonnenentleerer mit dem glatt rasierten Schädel und den beiden in den Nacken tätowierten SS-Runen sowie seine gewaltigen Oberarme bewundern können. Ich bin todsicher, in der Steinzeit hätte der Typ meinen Anteil am Mammutbraten auf jeden Fall bekommen …

Auf die Steinzeit folgten in Europa ab circa 5000 v. Chr. laut Geschichtsbuch noch die Bronzezeit, die Eisenzeit, das Altertum sowie das Mittelalter, bevor dann die sogenannte Neuzeit anbrach. Für die Jüngeren unter uns und für die Wähler der Piratenpartei endete die Steinzeit allerdings erst Mitte der neunziger Jahre mit dem Aufkommen des Internets. Es ist sicherlich Ansichtssache, aber als Angehöriger der letzten Prä-Internet-Generation vertrete ich dagegen die altmodische Auffassung, dass es zwischen Faustkeil und Fotohandy noch zwei, drei nicht ganz unwichtige Zwischenphasen gab. Man kann das etwa am Werdegang der Wasserversorgung ausmachen: Die Steinzeithöhle hatte in aller Regel keinen Wasseranschluss, es sei denn, es floss zufällig ein Bach in nächster Nähe vorbei. Im Grunde bestand aber auch keine Notwendigkeit für fließendes Wasser, weil es weder beim Grunzen noch Schlagen oder Jagen irgendwelche Vorteile brachte. Im Mittelalter wiederum holte man Wasser aus einem Brunnen auf dem Dorfplatz; gebadet wurde, wenn überhaupt, im Holzzuber. Erst ab Mitte des 19. Jahrhunderts, fast 7000 Jahre nach dem letzten Urschrei, wurde in Mitteleuropa eine einfache, auf Rohrleitungen basierende Trinkwasserversorgung eingeführt. Interessanterweise war Magdeburg eine der ersten Städte, in denen man nicht mehr nachts zum Brunnen laufen musste, wenn ein »Brand« zu löschen war. Diese Trendsetter-Stellung hat die Stadt danach irgendwie verloren.

Egal. Nach dem Zweiten Weltkrieg wurde die Warmwasserversorgung langsam Standard, es gab zwei Hähne, einen für kaltes und einen für warmes Wasser, das aus einem Heizkessel kam. Man hatte also die Wahl zwischen Erfrieren und Verbrühen. Nur in der Badewanne konnte man die Wasserquellen angenehm vermischen. Der Durchbruch, für manche auch das wahre Ende der Steinzeit, erfolgte in den siebziger Jahren mit der Mischarmatur, auch Mischbatterie genannt. Endlich lauwarmes Wasser! Und endlich ein umfangreiches Beschäftigungs- und Investitionsprogramm für die damals am Boden liegende Installationsbranche.

Mischbatterie! Da hätte der Steinzeitmensch blöd geguckt. Und was hätte er erst zu dem Hotelzimmer in Hannover gesagt, das ich unlängst bewohnen durfte? Das Zimmer verfügte über einen Duschraum, in dem die Armaturen komplett fehlten, wie ich im morgendlichen Halbbewusstseinsnebel feststellen musste. Ungeduscht rief ich die Rezeption an und musste mich von einer Auszubildenden lachend belehren lassen, dass ich so was von hinterm Mond sei. Ich solle mal das kleine Display links neben dem Einstieg zur Dusche anschauen, das sei »selbsterklärend«.

In der Tat fand ich an der bezeichneten Stelle einen Touchscreen, und nach einigen Fehlversuchen gelang es mir, den Duschraum zu aktivieren. Das Wasser schoss kochend heiß aus diversen Öffnungen in der Decke und den Seitenwänden, dazu erklang passenderweise Händels

»Feuerwerksmusik«, und es begann in dem Raum nach Lavendel zu riechen. Meine Brille beschlug, und durch die Dunstschwaden des siedenden Wassers konnte ich das Display nicht mehr richtig erkennen. Hilflos tastete ich an der Wand entlang, und bei jedem Versuch, irgendeine Funktion zu drücken, verbrühte ich mir die Finger. Erschwert wurde das alles noch durch das ständig auf- und abschwellende Licht, das offenbar Teil der hier aufgeführten »Duschkomposition« sein sollte.

Am Ende ist es mir dann trotz gefühlter Verbrennungen zweiten Grades gelungen, die Temperatur zu regeln und die Morgenhygiene abzuschließen. Meine diesbezüglichen Einlassungen an der Rezeption des Hotels wurden mit einem »Also, Sie sind der Erste, der sich beschwert« abgetan, begleitet von einem Blick der nasenberingten Azubine, der mich eindeutig ins Lager der völlig uncoolen Fossilien beförderte.

Was mich zu der Frage bringt: Bin ich eigentlich der Einzige, der sich aufregt, wenn alles immer noch moderner, noch technischer, noch komplizierter wird? Können technische Geräte und Einrichtungen nicht einfach mal so bleiben, wie sie sind? Zumindest die, die man auch vor dreißig Jahren schon hatte? Die moderne Geräteindustrie in Gestalt eines imaginierten Modernisierungsvertreters lächelt milde und fragt sanft zurück: »Herr Schumacher, was sollen denn das für Geräte gewesen sein? Nennen Sie doch mal ein Beispiel.«

»Ein Kühlschrank ist doch immerhin noch ein Kühlschrank geblieben«, antworte ich und schaue dem Zukunftsfanatiker trotzig in sein eingebildetes Gesicht.*

Das Phantom lächelt noch milder und erklärt dann kopfschüttelnd: »Einen Kühlschrank, den gibt es doch längst nicht mehr. Heute haben wir Kühllandschaften mit Eis-Crusher, einer Bio-Komfort-Zone für Gemüse und einer automatisch sich einstellenden Kältekomponente für Fleischprodukte …«

Wehmütig denke ich an das Ein-Sterne-Gerät meiner Großmutter, in dem sich Speiseeis nur einen Tag lang hielt, ein guter Vorwand, es sofort zu essen.

»Haben Sie eigentlich mal darüber nachgedacht, was der Kühlschrank der Zukunft noch alles leisten könnte?«, drängelt der Mann des Fortschritts.

»Ich dachte, es gäbe keine Kühlschränke mehr«, rufe ich zornig.

»Jetzt werden Sie nicht kleinlich«, giftet der Virtuelle gekränkt zurück. »Überlegen Sie, wie eine mit dem Internet vernetzte Kühlkombination Ihnen das Leben erleichtern könnte …«

Das musste ja jetzt kommen. Der internetfähige Kühlschrank ist tatsächlich seit Jahren *das* Standardbeispiel auf jedem Zukunftskongress, der die Wunder der augenblicklichen und zukünftigen Technik huldigt. Ein Kühlschrank,

---

* Ich wollte hier erst »virtuelle Fresse« schreiben, aber dann wird mir wieder dieser Star-Literaturkritiker des Deutschlandradios vorwerfen, das Thema sei »zu groß für mich«, und im Übrigen sei mein Geschreibsel »bräsig«. Möglicherweise tut er es aber dennoch …

der immer die Übersicht hat, wann welches Lebensmittel optimal zu genießen ist, der mich an das bevorstehende Ablaufen von Haltbarkeitsdaten erinnert. Und der, falls ich ihn ignoriere, einfach damit beginnt, die Lebensmittel selbstständig zu verarbeiten. Bei Fleischprodukten tut er übrigens mit dem integrierten Grill zusammen, aber das nur am Rande. Vor allem aber weiß dieser Kühlschrank, wann die Milch aufgebraucht ist, und er bestellt sie mir rechtzeitig neu. Nie mehr ohne frische Milch! Das höre ich bestimmt schon seit zehn Jahren. Glücklicherweise gibt es ein solches Gerät noch nicht. Doch vor meinem geistigen Auge zieht ein gewisser Morgen auf, der Morgen nach am Vorabend erfolgter Lieferung und Installation meines neuen »NetFrosty«. Ich liege noch wohlig schlummernd in meinem Bett, doch plötzlich …

Ich schrecke aus dem Halbschlaf hoch. Seit Minuten – oder gar Stunden? – dringt ein unangenehmes Fiepen in mein Bewusstsein. Ein durchgeknallter Feuermelder? Ein rückwärtsfahrendes Müllauto? Der Wecker? Nein, der zeigt 5.54 Uhr, was eindeutig mehr als eine Stunde vor der geplanten und mehrere Stunden vor der gewünschten Aufstehzeit ist. Ich wälze mich aus dem Bett und wanke in Richtung des Geräuschs, das offenbar aus der Küche kommt. Ich öffne die Küchentür und stehe in einem Hagel grüner und roter LED-Laserblitze, deren Quelle irgendwo in der Kühlschranktür von Frosty sein muss. Ohrenbetäubendes Fiepen durchdringt den Raum. »Was hast du denn?«, brummele ich und tappe mit vorgehaltener Hand auf das seitliche Display der Kühl-Gefrier-Kombination zu. Zwischen den Fingern kann ich die scharlachrote Warnleuchte oben rechts erkennen, die im Takt des Fiepens aufleuchtet. »Ungünstige Innenraumtemperatur«, lese ich auf der Anzeige. In diesem Moment klingelt mein Telefon.

»Mullhaupt GmbH, Notdienst«, bellt es aus dem Hörer. »Was ist mit Ihrer Heizung?«

»Was soll mit meiner Heizung sein?«, brülle ich zurück, um das Fiepen zu übertönen.

»Sie haben doch gerade eine E-Mail geschickt, dass die Temperaturregelung defekt sei«, knurrt die Stimme.

»Ich habe was?«, murmele ich und schaue dabei Frosty an. Das Mistding wird doch nicht etwa …?

»Was ist jetzt mit der Heizung?«, fragt der Mullhaupt-Mann mit drängelnder Stimme.

»Ein Missverständnis«, nuschele ich in den Hörer.

»Das wird teuer, vor allem um diese Zeit.«

»Hätten Sie nicht später anrufen können«, brause ich auf.

»Hier steht, es sei äußerst eilig.«

Entsetzt lege ich auf. »Hör mal, du eisiges Blödteil, meine Heizung geht dich einen feuchten Dreck an«, beschimpfe ich Frosty, doch der schießt unbeirrt seine Laserblitze ab. Was haben die überhaupt zu bedeuten? Und erst das Fiepen?

Aufgeregt renne ich ins Arbeitszimmer, ziehe nach einigen Fehlversuchen die richtige Bedienungsanleitung aus dem Regal, die sich als mehrbändiges Bedienungskompendium erweist, und finde trotz des nervtötenden Gefiepes aus dem Nebenraum schließlich die richtige Stelle. »Bei plötzlicher Veränderung der Temperatur im Raum, in welchem Sie Ihren NetFrosty 2200i aufgestellt haben, wird der Secure-Temperature-Scan ausgelöst. NetFrosty macht Sie anschließend mit einem akustischen und optischen Warnsignal auf die Veränderung der Innenraumtemperatur aufmerksam«, lese ich, und langsam dämmert mir, was passiert sein muss. Um halb sechs endet die Nachtabsenkung der Heizungsanlage, der Temperaturanstieg hat dann beim Kühlschrank offenbar dieses Geräusch- und Laserinferno ausgelöst. Dennoch, ungläubig ob dieses Wahnsinns, schüttele ich den Kopf. Glücklicherweise finde ich eine andere Stelle, die erklärt, wie man die Warnfunktion mit einigen Einstellungen auf dem Multifunktionsdisplay deaktivieren kann, wovor aber ausdrücklich gewarnt wird, weil dann angeblich die Stromsparfunktion des Kühlgeräts nicht mehr optimal gewährleistet ist. Nach mehreren Fehlversuchen gelingt mir aber schließlich die Deaktivierung, woraufhin Frosty Fiepen und Lasern einstellt.

6.17 Uhr, und ich bin hellwach. Fluchend setze ich mich in die Küche. An einen Kaffee ist nach erneutem Streit mit meinem digitalen Espressoautomaten nicht zu denken. Den Wasserkocher habe ich in einem Anfall von Dummheit weggeworfen, weil mir der Espressoautomatenverkäufer erzählt hatte, die Maschine mache auch Teewasser, quasi mit links. Den Rest hat er mir nicht erzählt. Ich könnte einen ordinären Topf mit Wasser auf den Herd stellen, geht es mir durch den Kopf, da setzt erneutes Fiepen ein. Nicht so aufdringlich wie vorhin, eher informativ. Ich schaue auf Frostys Display. »Keine Milch«, meldet die Frostbeule. »Nein, keine Milch«, sage ich entnervt. Es stört mich aber nicht, ich trinke eh nicht so gern Milch. Auch habe ich noch eine Packung H-Milch im braunen Küchenschrank, wie mir spontan einfällt. Falls es sich der Espressoautomat noch mal anders überlegen und sich bereit erklären sollte, mir einen Cappuccino zu brauen. Doch das steht jetzt hier gar nicht zur Debatte. Frosty rechnet und rechnet, eine übergroße, sich drehende Sanduhr zeigt das im Kühlschrank-Display an. Immerhin hat er das neuerliche Fiepen gleich wieder eingestellt. Nach wenigen Minuten schaltet sich das Display in einen Ruhezustand, und mein Net-Kühlschrank surrt nur noch leise vor sich hin. Der Angriff scheint einstweilen überstanden.

In Ermangelung anderer Ideen beschließe ich zu duschen. Hoffnungslos altmodisch wie ich bin, habe ich noch eine konventionelle Dusche mit Mischbatterie und ohne Musikanlage. Es gibt auch keine Sensoren, die vor einer Austrocknung meiner Haut oder zu hohem Wasserverbrauch warnen. Wir befinden uns in Mitteleuropa bezüglich unseres Umgangs mit Wasser aber augenblicklich in einer Degressionsphase. 2,6 Millionen Jahre lang haben wir Menschen es uns hart erarbeitet, dass heute warmes Wasser aus den Leitungen direkt auf Kopf und Nacken fließt. Herrlich, vor allem, wenn man sich dazu noch mit dem neuen Duschöl der Sorte »Grapefruit-Mint« einreiben kann, ohne schlechtes Gewissen, weil es ein Ökosiegel führt und von einem Drogerie-Discounter stammt, der seine Angestellten nach Tarif bezahlt und sie einmal jährlich in einen Freizeitpark einlädt. Mit dem Duschöl ist also alles in Ordnung, doch beim Wasser sieht es ganz anders aus. Wer wie ich mehrere Minuten duscht, dazu noch warm, macht sich des Wasserfrevels schuldig. Man kann dies abmildern, indem man einen Duschkopf mit Sparregulation verwendet, doch dann wird aus dem Wasserstrahl entweder so ein trostloser Nebel oder ein armseliges Rinnsal. Oder man duscht ohne Sparnummer, passt aber woanders auf. Beispielsweise beim Toilettengang, wenn man nur jedes dritte Mal die Spülung betätigt. Und dann auch nur mit der Spartaste, die nichts wegspült, aber spart. Vorher verwendeten Sparfüchse einen Ziegelstein im Spülbehälter.

Dass man Wasch- und Spülmaschinen einsetzt, die so wassersparend sind, dass man fast noch was rausbekommt, versteht sich von selbst. Böse Stimmen behaupten, dass wir inzwischen so erfolgreich Wasser sparen, dass die Wasserwerke die Abwasserleitungen regelmäßig mit Frischwasser fluten müssen, um den Dreck darin wegzuspülen, weil sie kaum noch benutzt werden – was die ganzen Anstrengungen ad absurdum führt. Hinzu kommt: Der immer noch sinkende Wasserverbrauch führt letztlich zu immer höheren Preisen, weil ja trotzdem die Infrastruktur der Zu- und Ableitungen aufrechterhalten werden muss. Die steigenden Preise lösen natürlich zwangsläufig die nächste Sparorgie aus, was das Problem weiter verschärft. Wie soll man das aber jemandem erklären, der mit Tränen in den Augen an die »Kinder in der Wüste« erinnert, die kein Wasser haben? Da ist man moralisch schnell am Ende. Insofern denke ich, dass der Hochgenuss von ständig verfügbarem Wasser aller Temperaturen leider nur ein kurzer Spuk der Erdgeschichte bleiben wird. Der Normalzustand, den wir nach dem Willen der Wassersparer bald wieder erreichen, ist offenbar doch die Steinzeitsituation, wie von Piraten und anderen Jungmenschen längst erfasst. Man sollte sich jetzt schon nach einer Höhle in Bachnähe umschauen.

All das geht mir noch durch den Kopf, während ich mit warmem Wasser die Reste der Grapefruit-Minze abspüle. Mitten in meine Gedanken hinein klingelt es plötzlich Sturm an der Haustür. Fluchend drehe ich das Wasser ab, trockne mich notdürftig und sprinte, das Handtuch um die Hüfte gewickelt, zur Tür, eine Wasserspur hinter mir herziehend.

»Ihre Bestellung«, sagt ein Mann in einer braunen Uniform, nachdem ich die Tür geöffnet habe, und weist in Richtung seiner Füße.

»Meine was ...?«, frage ich entgeistert und schaue auf die kleine Palette vor der Wohnungstür.

»Ich brauche noch eine Unterschrift«, setzt der Uniformierte nach und reicht mir sein elektronisches Notizbuch. »Einfach in dem Feld signieren.«

»Ich habe nichts bestellt«, antworte ich ruhig und ignoriere das Pad.

Der Mann schaut mich angesichts der Unterbrechung seiner Routine unwirsch an. Dann zieht er ein kleines Klemmbrett aus der Jackentasche und sucht nach einem bestimmten Zettel. »Hier«, sagt er schließlich und hält mir ein Blatt vors Gesicht. »Das ist die E-Mail.«

Ein Blick auf den Absender des Papieres lässt mich Schlimmes ahnen. »lutz.schumacher@netfrosty.de« steht dort. »Ich, ich habe das nicht …«, stammele ich.

Der braun Gewandete schaut auf seinen Mini-Computer. »Vierundzwanzig Pakete Frischmilch.« Und nach einer kleinen Pause fügt er lakonisch hinzu: »Wurde auch schon bezahlt, mit Ihrer Kreditkarte.«

Jetzt raste ich aus. »Ich habe das nicht bestellt, das ist Betrug, hauen Sie ab«, brülle ich und knalle dem verdutzten Auslieferfahrer die Tür vor der Nase zu. »Unglaublich«, schimpfe ich vor mich hin und renne in die Küche.

Frosty steht unschuldig neben dem Herd, als könne ihn kein Wässerchen trüben. Doch ich weiß, was er getan hat. Immer noch vor Wut zitternd und ein bisschen auch wegen meines nass-kalten Gesamtzustands aktiviere ich das Display. Nach einigen Fehlversuchen finde ich das richtige Verzeichnis. Tatsächlich: Das Miststück hat in meinem Namen Milch bestellt. Und auch wirklich gleich vierundzwanzig Pakete. Das ist, wie mich die nun zurate gezogene Bedienungsanleitung belehrt, die vom Werk voreingestellte Höchstmenge. Es steht mir natürlich frei, einen anderen Wert vorzugeben. Woher hat dieser Haufen Blech eigentlich meine Kreditkartennummer?, frage ich mich.

Doch dann fällt mir ein, dass ich die Kühl-Gefrier-Kombi im Laden mit meiner Mastercard bezahlt habe. Und dann waren da diese ganzen Formulare, und ich habe zigmal unterschrieben, ohne zu lesen, was in Drei-Punkt-Schrift auf dem Vordruck vermerkt war. Natürlich hat Frosty wegen der Werksvoreinstellung Bio-Milch bei einer Edelmarke geordert, teurer geht's nicht. Und in drei Tagen ist die schlecht. Da darf ich mich wohl mit dem Milchlieferanten herumschlagen. Vor meinem inneren Auge sehe ich schon den extra dicken Aktenordner mit dem Schriftverkehr aus dem unausweichlichen Rechtsstreit durch drei Instanzen …

»Milchlieferung bestätigen«, blinkt es plötzlich in einem Extrafenster. Ich tippe auf ein rotes Kreuz. »No Milk Today«, ertönt ein Lied aus einem Lautsprecher, dessen Existenz mir beim Kauf irgendwie entgangen sein muss. Das ist von Herman's Hermits, denke ich. Was man sich für einen Blödsinn merkt. »Schnauze«, brülle ich Frosty an, doch der dudelt fröhlich »My love is gone away«. Ich könnte durchdrehen.

2 Friedhof der Ladekabel

Wie sich meine Wohnung langsam in ein Zwischenlager für Elektronikschrott verwandelt

In meinem Arbeitszimmer gibt es so eine Schublade. Ich kann sie kaum noch öffnen, und wenn es mir doch gelingt, lässt sie sich nur unter äußerster Gewaltanwendung wieder schließen – weswegen ich es meist vermeide, die Schublade aufzumachen. In der Schublade befindet sich eine unübersichtliche Sammlung von Ladekabeln, Zusatzkabeln, Kabeladaptern, Steckern, Netzteilen und Zubehör. Und dazu gehören wiederum Kabel, Adapter, Stecker und andere kompliziert aussehende Teile, deren Sinn ich nicht verstehe. Ich habe auch längst die Übersicht verloren, welches Ding zu welchem technischen Gerät gehört. Und ich bin nicht mal sicher, ob ich überhaupt noch alle Geräte habe, deren Kabel und Stecker ich akribisch aufbewahre.

Anfangs versuchte ich, Ordnung zu halten. Steckte die Ersatz- und Zusatzteile in die zugehörige Geräteverpackung, die ich anschließend in die besagte Schublade legte. Solange es sich bei den Geräten um meine Stereokompaktanlage, das neue Tastentelefon »Nova 1100«, den Anrufbeantworter mit Mini-Kassette sowie das Diktiergerät (ebenfalls mit Mini-Kassette) handelte, war alles gut.

Dann jedoch kaufte ich einen neuen Fernseher und einen DVD-Spieler. Zu beiden Geräten gab es umfangreiches Zubehör, insbesondere Kabel, die in ihrer Menge mit keiner anderen technischen Errungenschaft konkurrieren konnten. Außerdem machte der DVD-Spieler den alten CD-Player überflüssig, den ich aber nicht wegwerfen wollte. Man konnte nie wissen … Außerdem stellte sich schon damals das Problem, wohin man eigentlich solche Geräte entsorgen durfte, wenn man nicht den Waldweg um die Ecke nehmen wollte.* Also beschloss ich, den Player vorläufig in den Keller zu verstauen. Als ich ihn dort in eine Kiste packen wollte, fielen mir die extra langen Cinch-Kabel auf, die ich mir mal besorgt hatte, um die Stereoanlage flexibler zu platzieren. Eigentlich schade, dachte ich, die waren schließlich teuer gewesen, und an dem neuen Gerät gab es bestimmt nur Norm-Kabel. Also nahm ich die extra langen Kabel mit zurück ins Wohnzimmer. Dort stellte sich jedoch heraus, dass inzwischen die Art der Kabel gewechselt hatte, jedenfalls waren in der Packung des neuen Geräts andere Kabel. Andererseits gab es an meinem Fernseher Cinch-Buchsen. Man könnte vielleicht den Fernseher an die Stereoanlage …

Ein Blick auf den Kabelsalat hinter dem Sideboard, auf dem Fernseher, Anlage und alle anderen Geräte standen,

* Eine Frage, die sich mit dem Aufkommen diverser verschiedenfarbiger Tonnen der Müllentsorger verschärft hat. Die braune und die blaue Tonne kann man ausschließen; bei der grauen war ich nicht sicher. Seit es jedoch die gelbe, die orange- und neuerdings noch eine violettfarbene gibt, ist die Sache extrem unübersichtlich geworden.

ließ mich den Gedanken für den Moment verwerfen.* Ich würde es ein anderes Mal tun, beschloss ich und stopfte die überflüssigen Kabel zu den Ersatzkassetten für Diktiergerät und Anrufbeantworter in die Schublade.

Damit begann das Elend.

Denn jetzt musste man erst die Kabel aus der Schublade ziehen, um an die zweite Fernbedienung für die Kompaktanlage oder an den rätselhaften Stecker zu kommen, der mit dem Tastentelefon geliefert worden war, was den endgültigen Vorwand lieferte, sich mit diesem Teil nie wieder auseinanderzusetzen. Später wurschtelte ich mein erstes Mobiltelefon samt Ladestation und Netzstecker unter diese Kabel, nachdem ich ein besseres Handy erstanden hatte. Und bald darauf ergänzte ich die Sammlung mit der halb digitalen Fotokamera, die mir beim Strandurlaub in den Sand gefallen war und daraufhin nur noch sporadisch die schönen Panoramafotos machte, wegen der ich das Gerät eigentlich erworben hatte. Andererseits benötigte ich auf diese Weise nicht mehr die speziellen und natürlich sehr teuren Filme. Außerdem waren bei der Halbdigitalen die Akkubatterien ständig leer gewesen, für die es eine extra Ladestation gab – im Grunde war es also ein Glück, dass ich jetzt endlich eine digitale Kamera besaß, für die man keine Filme mehr benötigte. Das Modell wurde mit umfangreichem Zubehör geliefert, das ich man-

* Einer aktuellen Studie des Möbeldiscounters IKEA zufolge hassen die Deutschen neben Weltkriegen und Gefrierbrand nichts mehr als das hässliche Kabelwirrwarr durch die technischen Geräte im Wohnzimmer.

gels Verwendung und mangels Lust, die Bedienungsanleitung zu lesen, gleich mit in die Schublade gestopft hatte. Es wurde bereits eng, und ich überlegte, die Halbdigitale wegzuwerfen. Ein zweifelhaftes Unterfangen, denn es konnte der Fall eintreten, dass die Digitale einen Defekt bekam. Oder ich hatte sie zu verleihen. Oder die Bilder taugten trotz gegenteiliger Zusicherung des Fachverkäufers nichts. Nein, es wäre besser, die Halbdigitale zumindest vorläufig mal aufzubewahren. Bis ich zu einem späteren Zeitpunkt sicher sein könnte, dass die digitale Kamera keinen Wunsch offen ließ.

Es sollte sich bald herausstellen, dass sämtliche Neuanschaffungen nichts taugten. Die halb digitale Kamera schoss Bilder, die immer zur Hälfte unscharf waren, der alarmierte Service sprach jedoch von »Bedienerfehlern« und sagte beim nächsten Anruf gar nichts mehr, weil die Herstellerfirma inzwischen pleite war. Und die Digitalkamera, ein Kompaktmodell mit eingebautem Zoom, konnte keine richtigen Porträtaufnahmen machen, und auch die Landschaftsfotos waren irgendwie nichtssagend, die Ausschnitte zu klein. Die Bilder sahen einfach nicht so aus wie in der Zeitschrift *Geo*. Lag das an mir? Ich entschied, eine digitale Spiegelreflexkamera zu erstehen. Mit zwei Wechselobjektiven. Zu wenig, man benötigt mindestens vier, belehrte mich der Verkäufer und schwatzte mir, als ich hart blieb, eine Umhängetasche und Ersatzchipkarten auf.

Nach dem ersten Begeisterungssturm, in dessen Zuge ich rund dreihundertmal den Familienhund ablichtete, ließ der Enthusiasmus deutlich nach. Die Umhängetasche lag zunächst auf dem Küchentisch, bis meine Frau eindringlich von Trennung sprach. Ich war nicht sicher, ob sie die Tasche oder unsere Ehe meinte, entschied aber sicherheitshalber, die Tasche aus ihrem Sichtfeld verschwinden zu lassen. Das war das erste Mal, dass die Schublade ihren Dienst versagte. Die Chipkarten bekam ich noch unter, aber Tasche und Kamera passten nicht mehr hinein. Nach einigem Überlegen steckte ich die Kamera in die Tasche, wickelte die Tasche in ein Tuch und verstaute das Bündel auf dem Boden des Wohnzimmerschranks, in welchem wir alte Videokassetten aufbewahrten.

Das muss ungefähr zu der Zeit gewesen sein, in der mich meine Frau freudestrahlend mit einer neuen Mini-Stereokompaktanlage überraschte, die sie preisgünstig in einem Discounter erworben hatte. Ich sah sie entsetzt an und sagte, das sei vom Klang und der Verarbeitung her der letzte Müll. Sie sagte, diese Anlage passe farblich viel besser ins Wohnzimmer und nehme nur halb so viel Platz weg wie der alte Plunder. Ich sagte, der alte Plunder habe Zigtausende gekostet und sei Hi-Fi vom Besten, eine Mehrkomponentenanlage, wie sie heute gar nicht mehr gebaut werde. Sie runzelte die Stirn und meinte, ich könne das Zeug ja ins Arbeitszimmer stellen, aber am besten so, dass man es nicht sieht.

Im Arbeitszimmer stellte sich heraus, dass das von mir als Standort auserkorene Regal zu klein war. Meine Frau schlug vor, das Kassettendeck zu entsorgen. Ich schrie empört auf – und dann noch empörter, als sie behauptete, ich hätte seit Jahren keine Kassetten mehr gehört. Schließlich einigten wir uns darauf, dass ich den Kassettenrekorder vorläufig weglassen würde, bis ein anderer Platz gefunden sei.

Solche Absprachen in der Ehe ähneln Waffenruhen im Nahen Osten, die auch nie halten. Noch während ich fluchend die Kabel der Anlagenteile zusammensteckte, packte meine Frau wortlos sämtliche Musikkassetten ins Arbeitszimmer und kommentierte meinen erneuten Entsetzensschrei mit den Worten, dass sie nun endlich das Regal im Wohnzimmer frei habe. »Schatz, wir haben doch jetzt die Kuschelrock-CDs, da brauchen wir die ollen Bänder gar nicht mehr«, meinte sie beschwichtigend und bestätigte auf Nachfrage wie selbstverständlich meine Vermutung, dass die farboptimale Discounter-Kompaktanlage ja nicht einmal Kassetten abspielen könne.

Mangels anderer Ideen verfrachtete ich das Kassettendeck ähnlich wie die Kompakt-Digitalkamera auf den Boden des Wohnzimmerschranks, wo sich zu meiner Überraschung neben der Umhängetasche bereits zwei Videokameras eingefunden hatten, von denen ich die zweite schon länger vermisste. Die erste konnte ich nicht vermissen, weil ich ihre Existenz vergessen hatte. Ich stellte meine Frau zur Rede und fragte sie, ob sie die Sachen dorthin getan habe und wo denn die kleinen Videokassetten für die Kamera seien, die, auf denen sämtliche Geburtstage unserer Kinder zu sehen wären. Ohne Reue gestand sie, die Kassetten hätte sie »zu den anderen« in die Schublade gelegt. Später stellte sich heraus, dass sie mit »den anderen« die Kassetten für das Diktiergerät und den Alt-Anrufbeantworter meinte.

Das alles ist jetzt auch schon wieder sieben Jahre her. Wie die Zeit vergeht … Die besagte Schublade ist inzwischen eine von insgesamt acht. Denn auf die ersten zwei Handys folgten bis heute weitere zehn für mich und rund zwanzig für den Rest der Familie. Allesamt mit Zubehör, wozu insbesondere Kopfhörer, Bluetooth-Ohrstöpsel und vor allem Ladekabel gehören. Als ich die zweite Schublade in Beschlag nahm, dachte ich noch, die müsste für die alten Handys und dem Drumherum ausreichen. Was für eine Fehleinschätzung! Denn bei genauerem Hinsehen gehen ja mindestens 50 Prozent des gesamten Stauraums für Ladekabel drauf. Ich vermute, dass es inzwischen das Berufsbild des Ladekabeldesigners gibt. Ein schwieriger Beruf, der hohe Anforderungen an Geduld und Erfindungsreichtum stellt. Oder könnten Sie aus dem Stegreif täglich zweihundert verschiedene Stecker erfinden, die dennoch in die immer kleiner werdenden Handygehäuse passen? Spitze Stecker, noch spitzere Stecker, Mikrospitzenstecker, Flachstecker, flache Flachstecker, flache Spitzstecker, spitze Flachstecker, ultraflache Mikrospitzenstecker mit Innenmast … Und das vielleicht nur für Geräte einer einzigen Marke.

Wenn man hier mal genauer hinschaut, ergibt sich folgendes Bild: In Deutschland werden jährlich mehr als dreißig Millionen Handys verkauft, möglicherweise haben fast alle unterschiedliche Ladebuchsen. Wenn Sie also noch auf der Suche nach einem Beruf für sich oder Ihre Kinder/Enkelkinder sind: Ingenieur für Ladekabeldesign – ein Beruf mit Zukunft, denn der Bedarf wächst ständig, zumal sich dank der immer rasanteren Neuentwicklungen auf dem Handy- und Smartphone-Markt die Kauffrequenz dauernd erhöht.

Alleine ein Anbieter wie Nokia bietet über tausend verschiedene Handytypen mit gefühlt tausend verschiedenen Ladekabeln an. Ich weiß, wovon ich rede, denn ein Großteil davon liegt in meinen Schubladen. Nokia ist übrigens die Firma mit den Produktionsstätten, die immer schließen und in andere Länder abwandern, wenn die staatlichen Subventionen aufgebraucht sind und sich in einem anderen EU-Land neue Geldquellen auftun. Manche Menschen sehen das ein bisschen kritisch, insbesondere, wenn sie einen (vermeintlich sicheren) Arbeitsplatz in einem solchen Werk hatten – sagen wir mal in Bochum – und nun, nach ihrem Herauswurf, ein Jobangebot auf einem Acker im rumänischen Cluj-Napoca erhalten.* Andererseits muss man aber auch die immensen Kosten sehen, die Nokia bei der Handyproduktion hat. Seriösen Schätzungen zufolge** gehen die staatlichen Zuschüsse zu rund 97 Prozent für das

---

* Zum Trost: Auch von dort sind die Produktionsstätten schon wieder weggezogen.

** Ich beziehe mich hier auf eine wissenschaftliche Untersuchung, die 2010 unter dem Decknamen »Pi-mal-Daumen« veröffentlicht wurde.

ständige Erfinden und Austauschen der Ladekabel, Ladekabelstecker und Ladekabelbuchsen drauf.

Aber zurück zu meinen acht Schubladen. Sie sind, ehrlich gesagt, nur die Spitze des Eisbergs. Denn die eigentlichen Geräte habe ich nach und nach unauffällig auf andere Orte verteilt. Der besagte Wohnzimmerschrank beherbergt inzwischen auch meinen letzten Desktop-Computer, den ich vor sechs Jahren zugunsten eines Laptops abschaffte, das sich aber dann als zu schwer erwies und mit irgendetwas nicht kompatibel war. Was das genau war, habe ich inzwischen vergessen. Den Laptop habe ich in die Speisekammer gelegt, zu den Gurkengläsern, wo daneben schon sein Nachfolger schlummert. Das Gebläse war zu laut. Die Speisekammer ist glücklicherweise schlecht beleuchtet, so kann meine Frau die Laptoptaschen und die Netzteile nicht sehen. Sie hätte bestimmt wieder mit Trennung gedroht, wenn sie das bemerkt hätte. Mit Laptop-Netzteilen gibt es eigentlich ähnliche Erfahrungen wie mit Handyladekabeln, mit dem Unterschied, dass sie schlecht in diese Schubladen passen. Jedenfalls dann nicht, wenn da schon die externen DVD-Laufwerke, Kabel für den Anschluss an den Zigarettenanzünder im Auto und Kabel für die Kopplung mit Tastatur, Bildschirm und Drucker liegen.

Apropos Drucker! Bevorzugen Sie Tintenstrahl oder Laser? Das wissen Sie nicht? Dann teilen Sie das Schicksal mit mir, der ich wechselweise solche Geräte anschaffe, um anschließend jeweils mit dem Druckergebnis oder den Materialbeschaffungskosten (oder beidem) unzufrieden zu sein. Inzwischen hat sich deswegen eine hübsche Druckerlandschaft angesammelt, sogar ein Nadeldrucker ist darunter. Er steht in der Speisekammer bei den Kartoffeln. Ich hätte ihn natürlich in den Keller bringen können (ein gegenüber meiner Frau geäußertes Versprechen), aber der dortige Platzmangel hat zu einer mangelnden Umsetzung meines Vorhabens geführt. Diese Tiefen beherbergen nämlich schon ein weiteres unbrauchbares Laptop und zwei in die Jahre gekommene Docking Stations, wobei mir nicht mehr klar ist, für welches Laptop welche Station gedacht war. Ich werde das irgendwann mal ausprobieren.

Spätestens dann werde ich auch ausmisten. Vielleicht die 56k-Modem-Kabel und die zugehörige Karte wegschmeißen oder den analogen Satellitendecoder. Denn ich habe nicht einmal mehr so eine Telefonbuchse, wie man sie dafür benötigt, und dass die den Fernsehempfang wieder auf analoge Signale umstellen, ist höchst unwahrscheinlich, wenn auch nicht unmöglich. Dann fliegt natürlich die digitale Antenne raus, mit der mein Laptop angeblich Fernsehbilder empfangen kann, sich aber hartnäckig weigert, es zu tun. Und das externe Diskettenlaufwerk, weil ich die Disketten weggeworfen habe. Um Platz zu schaffen für die Software-CDs. Ein ganzes Billy-Regal ist voll gepackt mit Software-DVDs. Den ganzen Kram müsste ich mal durchsehen. Zumindest könnte ich die Bedienungsanleitungen für all die Geräte scannen und digital ablegen. Aber der vorletzte Scanner steht im Schuhschrank, unter den nicht mehr benötigten Küchengeräten, und der letzte Scanner ist nicht kompatibel mit dem neuen Rechner, jedenfalls fehlt irgendeine Software. Und die habe ich bestimmt bei den Software-CDs im Billy-Regal.

Das Regal mit den Software-CDs ist übrigens das weiße Billy-Regal. Daneben steht noch ein schwarzes, das ich ursprünglich für eine kostbare Karl-May-Gesamtausgabe erworben hatte. Doch dann trat ein Phänomen auf, das ich das »Riesen-Bärenklau-Paradoxon« nenne. Kennen Sie Riesen-Bärenklau? Das ist eine aus dem Kaukasus eingeschleppte gigantisch große Staude, die sich bei uns mangels natürlicher Feinde wie wild vermehrt. Sie heißt auch »Herkulesstaude« und wurde 2008 zur »Giftpflanze des Jahres« gewählt (beim Menschen richtet sie ekelhafte Verbrennungen und Schlimmeres an). Warum fällt mir das hier ein? Nun, die schöne Karl-May-Sammlung verschimmelt längst im Keller, derweil machen sich diverse Bedienungsanleitungen im Regal breit. Sie sind die Herkulesstauden in unseren Wohnungen. Es gibt ja so gut wie kein Gerät mehr, das man einfach einschalten könnte. Nicht einmal einen Toaster. Der war früher wirklich schlicht zu betätigen, fast primitiv. Ein Kasten, ein oder zwei Schlitze, in denen man ein oder zwei Scheiben Toast hineinsteckte, danach drückte man einen gut greifbaren Schalter hinunter. Fertig, das war es. Natürlich empfahl es sich vorher, den Stecker in die Steckdose zu stecken. Aber dann hatte man wirklich das Gerät in Gang gesetzt. Gut, es gab noch eine Luxusvariante mit einem Rädchen, mit dem man die Bräunungsdauer einstellen konnte. Aber davon ließ man gern die Finger, zu schnell wurden viereckige Scheiben ausgeworfen, die man nicht mehr als gebräunt bezeichnen konnte, weil sie pechschwarz waren.

Doch was war das dürftig gegen heutige moderne Toaster. Die haben – wie inzwischen fast jedes Gerät – ein Display, noch modernere eins mit Touchscreen. Jetzt kann nicht nur der Bräunungsgrad, sondern auch die Bestrahlungsintensität, die Zusammensetzung des Toasts und die Art des zur Herstellung des Toastbrots verwendeten Getreides eingegeben werden. Jede Funktion ist für sich genommen völlig sinnvoll, führt aber in der Häufung leider dazu, dass man das Gerät nicht mehr versteht. Also gibt es eine mehrseitige Bedienungsanleitung. Kompliziertere Maschinen wie Staubsauger oder Bügeleisen, also Geräte, die einen komplexen Sachverstand in der Handhabung verlangen, kommen damit nicht mehr aus. Für sie wurden eigens Handbücher entwickelt, manche gibt es in mehreren Bänden und in verschiedenen aktualisierten Neuauflagen. Gegen ein geringes monatliches Entgelt können Sie sich im Haushaltsgerätediscounter nicht nur eine verlängerte Gewährleistungsfrist, sondern auch permanente Updates der Betriebshandbücher erkaufen. Wie sinnvoll das ist, erfuhr ich unlängst, als ich dachte, für defekte Geräte jedweder Art stünden bestimmt alle Handbücher im Internet. Ich musste jedoch feststellen, dass Bedienungsanleitungsbücher ein handfestes Geschäft geworden sind und in den frei zugänglichen Gerätebüchern allenfalls noch allgemeine Tipps und Ausstattungsmerkmale stehen. Die harten Fakten mithin sind Offline. Und da man inzwischen nicht mal mehr ein Fieberthermometer ohne zweibändiges Kompendium verstehen kann, musste erst die eine Hälfte der Karl-May-Bände und schließlich auch die zweite – immerhin fünfzehn Bände – den herkulesartigen Handbüchern weichen.

Natürlich handelt es sich bei ihnen im Grunde um einen großen Selbstbetrug. Mein Hirn besteht – darin dem Karl-May-Bestand ähnlich – aus zwei Hälften, und es werden wohl in absehbarer Zeit auch keine weiteren Hälften hinzukommen, daher bleiben viele Anleitungstexte für mich auf ewig unverständlich (ähnlich den Aufbauanleitungen eines großen skandinavischen Möbelhauses). Die Hoffnung, dass sich all die wunderbaren Geräte selbst erklären – das wäre jetzt wirklich eine technische Novität! –, hat sich aber leider ein ums andere Mal zerschlagen. Woran auch immer es lag. Was bleibt, ist die Tatsache, dass irgendwann im Laufe des Kennenlernens zwischen Mensch und neuer Maschine ein Beziehungstiefpunkt erreicht wird – und dann hilft tatsächlich nur noch das Handbuch. Das ist die wahre Ursache, warum ich bis heute bei meinem (immer noch vorhandenen) Videorekorder das VPS-Signal nicht einstellen kann.

Die Bedienungsanleitungen sind selbstredend eine psychologische Waffe. Ihre Anwesenheit auf dem Billy-Regal beruhigt mich ungemein, auch wenn ich jeden Blick hinein vermeiden möchte und ich – jetzt rein von der Optik her – die Karl-May-Bücher viel hübscher fand. Aber vielleicht hätte Karl May, würde er heute leben, eher Bedienungsanleitungen geschrieben, selbstverständlich viel prosaischer, als das jetzt gemeinhin der Fall ist. Allein die Titel, die er gefunden hätte: »Durchs wilde Waschmaschinenland«, »Old Surehand und der Handyvertrag« oder »Der Wasserkocher im Silbersee« – ich denke, es wäre alles viel angenehmer zu lesen gewesen. Aber vielleicht auch nicht, denn es ist ja bekannt, dass Karl May ein elender Lügner war, der die ganzen Länder, über die er schrieb, nicht selbst bereist hat. Sätze wie »Die Software-Installation beginnt von selbst« oder »Das Betriebssystem erkennt automatisch die neue Hardware und startet den vollautomatischen Installationsassistenten« hätten demnach ebenso von ihm stammen können. Es sind nämlich alles Sätze, die glatt gelogen und dazu noch Auftakt zu unendlich viel Leid sind. (Auch etwas, was in den Büchern von Karl May nicht gerade fehlt.)

Über die Inhalte von Bedienungsanleitungen und die ihnen häufig eigene Sprachwelt, die sich aus softwaregesteuerten Mehrfachübersetzungen zwischen der Sprache des Landes, in dem das Produkt hergestellt wurde (Chinesisch, Koreanisch, Russisch etc.), und der Zielsprache Deutsch ergeben, sind bereits Bücher in Dudenlänge geschrieben worden; ich will das daher hier nicht ausbreiten. Bemerkenswert finde ich noch, dass es auch für Gegenstände wie Trinkflaschen und Kaffeelöffel entsprechende Gebrauchsanweisungen gibt. Ein sicheres Indiz der fortschreitenden Verblödung unserer Gesellschaft (ich gehe später noch darauf ein). Auf jeden Fall haben wir es mit einem sich verschärfenden Problem zu tun. Denn angesichts der permanenten Neuanschaffungen scheinbar unumgänglicher technischer Geräte, zuzüglich der zwar nicht notwendigen, aber doch so unglaublich preisgünstigen Geräte im Warenbestand der Kaffeeröster und Drogeriemärkte, schwillt der Platzbedarf für die Anleitungsromane ständig an, ein Phänomen, das auch bei der offenbar nicht zu stoppenden Verbreitung des Riesen-Bärenklaus zu beobachten ist.

Daheim ist es eng geworden. Der Schubladenbestand ist ausgelastet (neben den acht Schubladen gibt es in unserer Wohnung noch zwei weitere, die aber konsequent von meiner Frau verteidigt werden), und das Billy-Regal ist dicht. Rappeldicht! Darauf nehmen die Hersteller aber keine Rücksicht, wenn ich einen Blick auf die kommenden technischen Neuerungen werfe. Neuerungen, die so neu sind, dass sie erst noch erfunden werden müssen, auch wenn sie wirklich niemand braucht. Ich bin aber zuversichtlich, dass sie erfunden werden, selbst wenn feststeht, dass alles für die Menschheit existenziell Notwendige längst erfunden wurde. Da aber die Wirtschaft irgendwie voranschreiten muss und die Fachzeitschriften- und Bedienungsanleitungsredakteure sonst arbeitslos wären (wie es Karl May lange Zeit war), werden mit an Sicherheit grenzender Wahrscheinlichkeit weiterhin extrem unnütze oder überflüssige Dinge erfunden werden. Vielleicht wurden sie sogar bereits erfunden, und ich habe es nur noch nicht mitbekommen, oder der Erfindungstermin fand nach der Drucklegung dieses Buches statt.

Zweifellos könnte man auch sinnvolle Dinge entwerfen, wie zum Beispiel ein einheitliches Ladekabel für alle Geräte weltweit oder für alle gängigen Handytypen oder wenigstens für alle Handys einer Marke. Wäre ich nicht so bescheiden, würde ich über Geräte sprechen, die sich durch WLAN von allein aufladen, wenn man einen entsprechenden Raum betritt. Solche Erfindungen werden aber nie erfunden, weil sie physikalisch unmöglich sind. Entweder weil ihnen tatsächlich Naturgesetze im Wege stehen, wie bei meiner Idee, Strom über WLAN zu versenden, oder – und das ist der häufigere Fall – weil den Konstrukteuren gezielt physikalische Probleme bereitet werden, meist von osteuropäischen Schlägertrupps, die von der jeweils betroffenen Industrie angeheuert wurden.* Denn stellen Sie sich das einmal vor: Sie müssten nie wieder auf Reisen alle Netzteile mitschleppen! Wie herrlich für Ihre Schultergelenke, wenn in der Laptoptasche nur noch der Laptop untergebracht werden müsste. Und wie unerträglich für die Ladegerätehersteller, die überhaupt keine elfstelligen Profite mehr machen könnten …

Neulich war ich auf Reisen, auf einer Dienstreise, und abends im Hotel fiel mir siedend heiß ein, dass ich noch einen wichtigen Text zu schreiben hatte. Ich zog das Lap-

---

* Es gibt auch südeuropäische und westindische Schlägertrupps. Und das sage ich nicht, weil es das Antidiskriminierungsgesetz (AGG = Allgemeines Gleichbehandlungsgesetz) vorschreibt, sondern aus Überzeugung!

top aus meiner Reisetasche, und – o Graus – der Akku zeigte nicht mehr als 22 Prozent an, was in der Regel bedeutete, dass der Rechner in den nächsten vier Minuten seinen Geist aufgibt. Und, wie zu erwarten, hatte ich das falsche Ladekabel eingesteckt. Das Kabel mit dem Stecker, der in den Zigarettenanzünder im Auto passt. Den Wagen hatte ich jedoch auf dieser Flugreise nicht dabei, um darin zu arbeiten. Nachdem ich mich versichert hatte, dass es in meinem deutschen Hotelzimmer Streichhölzer gab, aber keine Zigarettenanzünderbuchsen,* schlich ich betrübt zur Rezeption; die Hoffnung stirbt schließlich zuletzt. Umso überraschter war ich, als mir die Rezeptionistin, nachdem ich mein Problem vorgetragen hatte, verschwörerisch zublinzelte und mich in ein Hinterzimmer bugsierte. Dort standen mindestens zwölf Kisten, fein säuberlich aufgereiht neben den Regalen für abgestellte Koffer. Jede Kiste war randvoll gestopft mit Ladegeräten für alle erdenklichen Geräte. Beim vierten Karton wähnte ich mich schon im Glück, weil ich darin eines meiner Computermarke entdeckte. Aber die machen das so ähnlich wie die Handyhersteller: Man muss nicht meinen, da gäbe es nur eine Sorte, die überall passt. Bei der siebten Kiste landete ich jedoch einen Volltreffer. Mein Text und der Abend waren gerettet. Viel schöner aber noch war die Erfahrung: Ich bin nicht allein!

* Auch eine tolle Idee. Fast jedes technische Gerät hat merkwürdigerweise einen Adapter für den Zigarettenanzünder. Man würde die Trefferquote bezüglich des richtigen Kabels also verdoppeln.

3 Das Leichenschauhaus

Haushaltsgeräte, die nach einmaligem Gebrauch leider in der Versenkung verschwanden

Sicherlich haben Sie auch einen Brotbackautomaten? Meiner steht im Schuhschrank gleich neben dem Scanner. Selber Brot backen, das war vor Jahren extrem hipp. Man tauschte entsprechende Rezepte, und überall gab es Backmischungen zu kaufen. Dem Trend konnte ich mich ebenfalls nicht entziehen – zumal ich das Argument meiner Frau einleuchtend fand, man könne die Maschine so programmieren, dass morgens zum Frühstück frisches, warmes Brot auf dem Tisch steht.

Nach Entsorgung der diversen Verpackungen, Ineinanderschieben der Einzelteile, intensivem Studium der Gebrauchsanleitung, Einfüllen von Wasser, Hefe und mitgelieferter Backmischung sowie Programmierung des Backvorgangs waren Euphorie und mehrere Stunden Lebenszeit verbraucht. Dennoch hatte ich das Gefühl, alles richtig gemacht zu haben. Der warmen Brotzeit am nächsten Morgen stand nichts mehr im Weg.

Nachts um vier wachte ich auf, weil ich meinte, ein Geräusch gehört zu haben. Ein »Klack« oder so ähnlich. »Es ist nichts«, murmelte meine Frau. »Schlaf weiter.« Ich döste bis zum nächsten Klack um 4.15 Uhr. Genervt sprang ich aus dem Bett. Das Geräusch, das jetzt in regelmäßigen Abständen erfolgte, kam aus der Küche. Der Backautomat leuchtete in der Dunkelheit hellblau und surrte vor sich hin, und bei dem Klacken handelte es sich um die Drehbewegungen der Rührbesen. Im Display lief irgendein Countdown. Alles schien okay, und ich legte mich wieder hin. Um 4.43 Uhr wurde ich durch ein ohrenbetäubendes Knarren geweckt. Meine Frau brummte, meine Technikbegeisterung sei zum Kotzen, jedenfalls sinngemäß. Zum Streiten war es zu früh, sonst hätte ich sie daran erinnert, dass *sie* das Gerät unbedingt haben wollte.

Ich ging aufs Klo. In der Wohnung roch es herrlich nach frischem Brot. Das Problem daran ist, dass solch ein Geruch den Schlaf beendet. Vielleicht werden wegen der Vorfreude irgendwelche Wachmacher-Enzyme ausgeschüttet so wie bei Hunden, die schon sabbern, obwohl man die Hundefutterdose noch gar nicht geöffnet hat. Jedenfalls lag ich wach im Bett, in das ich mich wieder begeben hatte, und wälzte mich hin und her, während ich den verschiedenen Geräuschen des Backautomaten lauschte, ein schüchternes Klackern, ein keckes Klicken, ein sich steigerndes Summen, wie man es von den Elektromotoren einer anfahrenden U-Bahn kennt. Dann wieder angespannte Ruhe, unterbrochen schließlich von einem gewaltigen dumpfen Schlaggeräusch …

Um sieben Uhr, es war ein Sonntagmorgen, saßen wir am Frühstückstisch, meine Frau diagnostizierte tiefe Augenringe bei mir (dass sie auch welche hatte, teilte ich ihr lieber nicht mit, dafür war es immer noch zu früh). Mit schiefem Lächeln öffnete ich den Automaten, bereit für das ganz Große, das erste selbst gebackene Maschinenbrot. Warm und gesund. Wir schauten in die Backform und auf die in ihr befindliche amorphe Masse.

»Du musst die Rührer rausziehen«, meinte meine Frau.

Ich tat wie mir geheißen und zog an den Rührbesen, woraufhin die halbe Brotfüllung mit herauskam. Halbgar pappte sie an den Rührern und zog Teigfäden hinter sich her. Der Rest des »Brotes« klebte steinhart an der Wand des Gefäßes und ließ sich auch mit einer Gabel nicht herauslösen. Später habe ich mehrere Stunden gebraucht, um den Behälter zu reinigen.

»Haben wir noch Knack & Back?«, fragte ich kleinlaut.

»Das gibt es schon seit tausend Jahren nicht mehr«, erwiderte meine Frau mit eiskalter Miene.*

Das war das frühe Ende der Maschine. Mehrere Monate lang stand sie in der Küche herum und nahm nur Platz weg. Als ich schließlich genug von ihrem Anblick hatte, stellte ich sie in einen Unterschrank, von wo sie in die Speisekammer (bewahren wir dort überhaupt noch Lebensmittel auf?) und danach in den Schuhschrank wanderte. Dort ist sie immer noch. Bestimmt haben wir mal wieder Lust, ein Brot zu backen. Bestimmt lag es damals

* Die zur General-Mills Gruppe gehörende Firma Pillsbury dürfte das völlig anders sehen, denn sie vertreibt nach wie vor Knack & Back-Produkte. Ich muss allerdings zugeben, dass ich selbst überrascht war, als ich herausfand, dass es den Fertigteig aus der Dose tatsächlich immer noch gibt.

an der Backmischung, die sollen ja inzwischen viel besser geworden sein …

Der Brotbackautomat ist jedoch in unserem Haushalt weiß Gott nicht die einzige Geräteleiche. Es ist schon traurig mit diesen One-Shot-Stars. Da wurden sie begraben, obwohl sie nie wirklich die Chance hatten, zu voller technischer Blüte zu erwachen. Ich will sie Ihnen aber nicht vorenthalten, deshalb hier eine Kurzübersicht über meine Leichen:

Die **Eismaschine**. Sie versprach Unabhängigkeit von der italienischen Eisbudenmafia. Ist Ihnen eigentlich klar, dass sich eine Eiskugel seit den siebziger Jahren um mehr als 2000 Prozent verteuert hat? Alle Welt regt sich über Spritpreise auf. Zu Unrecht: Der Liter Superbenzin ist im selben Zeitraum vielleicht um das Fünf-, Sechs- oder Siebenfache gestiegen, je nach Jahres- und Tageszeit. Das ist aber nichts im Vergleich zu einer Kugel Schokoladeneis, die ich als junger Bengel am Eiswagen für zehn Pfennig kaufen konnte und die man mir heute teilweise für 1,20 Euro oder mehr andrehen will. Das ist mehr als das Zwanzigfache des Ursprungspreises! Die erworbene Eismaschine sollte dann Schluss machen mit diesem Wahnsinn. Und kompliziert schien das Selbermachen von Eis auch nicht zu sein. Man musste nur eine Masse zurechtrühren, die hauptsächlich aus Sahne und Zucker bestand, und anschließend in die sich ständig drehende Schüssel einfüllen, aus der das Gerät hauptsächlich bestand. Darunter war ein Kühlaggregat befestigt, den man vorher circa sechs Stunden lang im

Gefrierfach »aufbauen« lassen musste. Der Akku hatte die Funktion, die Wärme aus dem Eisgemisch zu ziehen. Doch nach Entnahme aus dem Gefrierfach und Anbringen unter die Maschine war er nach einer Stunde aufgetaut – und die Eismasse leider immer noch flüssig. Als ich dann bei einem Geburtstagsessen »Rosineneis« reichte, das streng genommen eine kalte, eklig-süße halbflüssige Masse war, in der Hunderte von verschrumpelten Rosinen schwammen, verlor ich erst einige gute Bekannte und dann die Geduld. Die Maschine steht seitdem im Schuhschrank.

Ein ähnliches Schicksal erlitten **Raclettemaschine** und **Elektrogrill**, wobei sich über beide Gerätschaften eigentlich nichts Schlechtes sagen lässt. Beim Raclette werden die niedlichen Pfännchen mit Kartoffelstücken, Fleisch und vorgeschnittenen Scheiben des Schweizer Dorfkäses gefüllt und wahlweise mit Ananas, Mais oder sogar Silberzwiebeln* garniert. Eigentlich eine tolle Sache, aber doch aufwendig, denn man braucht dafür Freunde – aus unerfindlichen Gründen isst man nie zu zweit Raclette. Und man muss vor dem Event Kartoffeln kochen, Käse hobeln und tausend Schälchen füllen und hinterher die Pfannen schrubben sowie die Maschine reinigen. Doch nicht genug: Man muss auch wieder auf den Dachboden klettern, von wo man Tischofen und Pfännchen geholt hatte, weil im Schuhschrank beim besten Willen kein Platz mehr war.

* Ich kenne zumindest einen Menschen, für den tatsächlich Silberzwiebeln und Raclette zusammengehören …

Oben angekommen, entdeckt man fast unweigerlich den Elektrogrill, die gesunde Alternative zum Holzkohlegrill, der Krebs und Ärger mit den Nachbarn erregt, aber von dem die Würstchen so unendlich viel besser schmecken.

Wo wir gerade auf dem Dachboden sind: Gleich ein ganzes Arsenal habe ich hier aus dem Bereich der professionellen Entsaftung aufzubieten. Beginnen wir mit der **Südfruchtpresse**, die insbesondere für die gemeine Orange gedacht ist. Neben der eigentlichen Saftgewinnung gibt es zwei weitere anspruchsvolle Ziele, die leider noch von keiner Maschine gemeistert wurden: optimale Ausbeute, ohne sich die Finger schmutzig zu machen, und einfache Reinigung der Behälter und Zubehörteile. Da die erste Anschaffung, Maschine Nummer eins mit der rotierenden schiefen Ebene zum Auspressen, nicht das hielt, was eine Südfruchtpresse versprach, verstiegen wir uns auf den Kauf von Maschine Nummer zwei, gestaltet von einem Edeldesigner mit Stahlkappe. Auch diese konnten wir vergessen. Ebenso Nummer drei mit Drück- und Quetschmechanismus und Nummer vier mit besonders vielen Einzelteilen. Allein die Presse war bei dreien dieser Modelle bereits nach der ersten Orange hoffnungslos verstopft und verklebt. Am Ende haben aber alle vier Südfruchtpressen nicht überzeugt, weswegen sie jetzt auf dem Dachboden verstauben. Und Nummer fünf hatte ein digitales Display, das jetzt leider defekt ist, weil es keinen Orangensaft vertrug, den man aber leider zwangsläufig beim Pressen an den Händen hat. Die Nummern sechs bis neun waren dagegen für Mohrrüben, Äpfel und andere festere Früchte gedacht. Sie wanderten unters Dach, weil ihre Reinigung noch umständlicher ausfiel oder weil sie, anders als es meine Frau behauptete, die Schalen doch nicht automatisch auswarfen. Zu Nummer acht gehört übrigens noch ein Zusatzgerät, es ist ein elektrischer **Kirschkernentsteiner**. Ich weiß gar nicht mehr, was mich genau an dem so störte …

Nur der Vollständigkeit halber – oder falls jemand Interesse an den Geräten hat (sie sind zum Teil noch originalverpackt) – hier eine unvollständige Inventarliste der großen blauen Kiste, die oben links auf meinem Boden steht: **Crêpes-Maschine, Sandwichtoaster, Herzchentoaster, Paninitoaster, Brötchenbackautomat**, zwei **Mikrowellen, Milchmixer, Sprudelmaschine** (ich glaube, es sind auch noch fünf Flaschen Sirup zur Herstellung leckerer Sprudelgetränke vorhanden), **Mini-Eierkocher** (für drei statt sechs Eier) sowie eine **Mini-Friteuse**, die man allerdings inzwischen auch für 13 Euro im Fachhandel kaufen kann, wie ich neulich ungläubig feststellen musste.*

* Das ist schwer vorstellbar, wenn man bedenkt, dass das Gerät zunächst von Kinderarbeitern in einer Fabrik in Bangladesch zusammengeschraubt werden muss, dann im Container nach Europa verschifft wird, vom Groß- zum Zwischen- in den deutschen Einzelhandel gelangt und schließlich an mich für diesen Wahnsinnspreis verkauft werden soll. Und in dieser kurzen Geschichte einer Mini-Friteuse ist nicht einmal berücksichtigt, wie vorher die Rohstoffe und Seltenen Erden von Kindern in China abgebaut und von ihren noch jüngeren Geschwistern zu Komponenten zusammengelötet wurden, bevor sie nach Bangladesch gelangten. Ach, und ich habe die Verpackungsindustrie und die Redakteure der Bedienungsanleitungszunft vergessen, die wollen auch einen Euro abhaben (wenigstens sind diese meist volljährig). Glücklicherweise handelt es sich bei all dem nicht um eine Akku-Friteuse, sonst gäbe es am Ende ein Ladekabel dazu …

Angesichts all dieser Leichen zeigt sich mal wieder die tiefe Weisheit des Ausspruchs: »Irgendwas ist immer.« Die Steinzeitmenschen hatten im Grunde viel zu viel Platz in ihren Höhlen. Es zog ständig, und das Feuer schaffte es nie, die ganze Bude warm zu bekommen. Und natürlich waren die Nachbarn neidisch, weil sie nur eine kleinere Höhle hatten. Dafür fehlten den Menschen damals so elementare Dinge wie Sprudelmaschinen und Brotbackautomaten. Heute ist es umgekehrt. Die Quadratmeterpreise steigen und steigen, man wohnt beengt und weiß gar nicht mehr, wohin mit dem ganzen Müll …

4 Im Vollwaschgang

Trotz Stromspar-Siegel: Wie mich Spül- und Waschmaschine terrorisieren

Um nicht auf Abwege zu geraten, führen wir uns hier nochmal deutlich vor Augen: Es gibt keinen NetFrosty, keinen Kühlschrank, der weiß, wann die Milch leer ist. Noch nicht. Aber möglicherweise wird es ihn schon bei der zweiten oder dritten Auflage dieses Buches geben. Warum übrigens alle Welt ausgerechnet über leere Milchtüten nachdenkt und nicht über Butter oder abgelaufene Salamiwurst, ist mir ein Rätsel. Doch gut, dass es solche ungeklärten Dinge in unserer ansonsten ja recht rätselarmen Welt gibt. Wie etwa das Problem, ob das Kühlschranklicht wirklich ausgeht, wenn man die Tür schließt. Bei manchen Geräten kann man beim Zuklappen gerade noch sehen, wie das Licht verlischt. Aber wer garantiert, dass es danach nicht wieder angeht? Ein fieser Trick der Kühlschrankkonstrukteure. Eine weltumspannende Verschwörung der Elektrogeräteproduzenten, Leuchtmittelhersteller und Stromerzeuger. Wer weiß …

Apropos Strom! Ist Ihnen aufgefallen, wie unglaublich sparsam wir alle im Energieverbrauch geworden sind? Sparsamer als beim Wasser. Ein Beispiel: Die Waschmaschine, die man sich früher kaufte, musste, nachdem man sie an ihren Platz gewuchtet hatte, einzig an die Steckdose angeschlossen werden – und damit hatte es sich auch schon. Man musste sich danach in aller Regel nur sehr selten mit dem Gerät beschäftigen, denn die Maschine hielt ewig. Neulich war bei mir diese Ewigkeit leider abgelaufen, die Waschmaschine verweigerte hartnäckig den Waschvorgang. Die per Telefon alarmierten Männer der Not- und Hilfsdienste winkten nur müde ab, als ich ihnen Alter und Marke des Geräts nannte. Es blieb nichts anderes übrig, als den großen Haushaltsgerätefachdiscounter um die Ecke aufzusuchen.

Technische Geräte kaufen und ich, das ist so ähnlich wie Hosen kaufen und ich. Ich gehe gern in ein Geschäft, wenn ich maximal drei Hosen zur Auswahl habe. Passt eine, wird sie ohne zu zögern genommen. Vermutlich bin ich in der Beziehung aber ein Exot. Mein Freund Max zum Beispiel ist in seinem Kaufverhalten das glatte Gegenteil von mir. Benötigt er eine Waschmaschine, surft er tagelang im Internet herum, wälzt alle einschlägigen Fach- und Testzeitschriften und unterzieht sämtliche Freunde, Bekannten und Arbeitskollegen einem intensiven Verhör über ihr Waschverhalten und die Ausstattung ihres Maschinenparks. Beim ersten Kontakt mit dem Fachhandel ist er bereits Diplom-Waschmaschineneinkäufer. Er weiß über die maximale Schleuderdrehzahl in Verbindung mit der Schleudereffizienzklasse (nicht zu verwechseln mit der Schleuderwirkungs- und der Waschwirkungsklasse) besser Bescheid als die ratlose Verkäuferin, der nach intensivem Verkaufsgespräch nichts anderes übrig bleibt, als erst den Oberverkäufer und dann noch den Geschäftsführer hinzuzuziehen. Jetzt ist Max in seinem Element. Die Geräte werden eingehend untersucht, meist sogar auf dem Boden liegend, und mit einer Taschenlampe im Mund wird die Trommel ausgeleuchtet. Bis ins letzte Detail werden die Ausstattungen erörtert, und erst nach zwei, drei Stunden verlässt Max den Laden, natürlich ohne irgendetwas gekauft zu haben. Das geschieht eventuell Wochen später, wenn er sämtliche Fachgeschäfte in einem Radius von hundert Kilometern abgesucht hat. Immerhin geht er dann wieder in das erste Geschäft und nimmt das Gerät, das er zuerst angeschaut hatte. Ich dagegen empfinde den Kaufvorgang bei technischen Geräten als höchst lästig und bin froh, wenn ich die Sache schnell abschließen kann. Eigentlich ein idealer Kunde, dem man schnell irgendeinen Mist andrehen kann, der später zu den anderen Leichenteilen auf dem Dachboden wandert. Aber dazu gehört erst einmal ein Verkäufer, der den Willen zum Abschluss aufbringt.

Leicht zögerlich betrat ich den Haushaltsgerätefachdiscounter – und sah mich suchend um. Irgendwo am östlichen Ende der großen Verkaufsfläche machte ich überwiegend weiße Farbe aus und vermutete hier meine künftige Waschmaschine. Der einzige Verkäufer weit und breit stand an einer Infotheke und wurde von mindestens zehn Leuten belagert. Na ja, ich wollte mich sowieso erst einmal umschauen. Mit einigem Missmut nahm ich zur Kenntnis, dass es mehrere Dutzend Angebote gab. Ratlos studierte ich die Schilder. Wollte ich eigentlich einen Waschvollautomaten oder eine Waschmaschine, einen Front- oder Toplader? Wie viel Liter Fassungsvermögen sollte meine Waschtrommel eigentlich haben?

Und vor allem: Welchen Stromverbrauch mochte ich in Kauf nehmen?

Damit sich die Verbraucher mit dieser sehr wichtigen Frage sachgerecht auseinandersetzen können, haben Hersteller und Politiker eine Einteilung der Geräte mit Farben und Buchstaben vorgenommen. Es geht von A bis G – nicht einmal das Alphabet können die –, das A bedeutet grün (gut), das G rot (schlecht), dazwischen existieren noch Gelb- und Orangetöne. Im Grunde spielen die klug und sicherlich auch lang ausgedachten Unterteilungen aber überhaupt keine Rolle, denn alle Geräte haben ein A-Etikett. Eigentlich ist das logisch, denn welcher Hersteller würde schon mit dem neuen Waschvollautomaten Superwash XXL werben, dem praktischen Haushaltsfreund für jede Lebenslage, und am Ende kleinlaut zugeben, dass es sich um einen Stromfresser der schlimmsten Art handelt, für den man im Garten ein kleines Atomkraftwerk installieren muss. Wäsche sauber, Konto leer, das macht irgendwie keinen Sinn.

Um sich dennoch voneinander abzusetzen, gibt es seit neuestem Pluszeichen hinter den Buchstaben, also hinter dem A. Man hat die Wahl zwischen A, A+, A++ und A+++. Alle grün. Theoretisch könnte es auch ein G+ oder

C+++ geben, aber diese Kombinationen sind in der Praxis nicht vorzufinden. Natürlich drängt sich jetzt ein schlimmer Verdacht auf. Wäre es möglich, dass der fürchterliche Stromfresser Superwash XXL statt einem roten G nun ein schönes grünes Einfach-A erhalten hat? Und die sparsameren Geräte zum Trost noch ein paar Plus obendrauf? Denn so ein grünes A sieht ja schlichtweg viel besser aus als ein rotes G, zumal immer die gesamte Skala auf einer Waschmaschine abgebildet wird, und auf dieser Liste steht selbst das einfache A ziemlich weit vorne. Ein Schelm, der hier Böses denkt.

Spätestens jetzt müssten die Lobbyisten der Geräteindustrie erbost aufschreien: »Es ist doch alles ganz anders! Die Voraussetzungen für ein A sind noch dieselben wie vor Jahren, nur sind alle Geräte besser geworden, sparsamer, effizienter. Das, was Sie hier so bösartig durch den Dreck ziehen, ist in Wirklichkeit eine Erfolgsgeschichte, die ihresgleichen sucht. Es sind jetzt alle Waschmaschinen stromsparend, und ein Plus bekommt das Gerät, so wie die Kleinen in der Schule ein Fleißbienchen erhalten, wenn sie eine Zusatzaufgabe gelöst haben. Also hier, wenn das Gerät noch mehr spart. Und drei Pluszeichen, das ist eben sparsamer als sparsam.«

Na, klingelt da was? Richtig: Das erinnert doch sehr an das Waschmittel, das weißer als weiß wäscht. Wenn man die Werbung der letzten fünfzig Jahre für dieses Produkt verfolgt, kommt man zwangsläufig zu dem Schluss, dass früher die Wäsche tiefschwarz war. Denn anders ist die immer weißer werdende Steigerung der Werbebotschaften, die porentiefe Reinheit, die ultraweiße Weißheit, die fasersaubere, molekular durchgebürstete Unbeflecktheit gar nicht mehr erklärbar. Und so ähnlich läuft es jetzt beim Stromverbrauch. Erinnern Sie sich: Noch Ihre Eltern mussten bis zu 87 Prozent ihres Einkommens für Strom aufbringen, davor waren die Werte angeblich sogar noch höher, teilweise über hundert Prozent; die Schulden nahm man mit ins Grab. Das ist übrigens auch die Wahrheit über den Atomausstieg. Das kann nur klappen, weil die Geräteindustrie so wunderbare A+++-Geräte baut. Gerüchten zufolge wird jetzt auch an einer neuen Stromspareinteilungskategorisierung gearbeitet, weil bald alle Geräte dreimal Plus sind. Es geht dann bis zu zehn Plus, später zwanzig, dreißig usw. Wir sparen dank der Geräteindustrie immer mehr Strom. Irre!

Und natürlich sparen wir, weil wir nur noch Stromsparlampen verwenden. Finden Sie das nicht auch herrlich, wie wir abends alle im fahlen, kalten Licht dieser verkappten Mini-Leuchtstoffröhren hocken und mit Abscheu an die Zeiten denken, als es die wohlig-warmen, stromvernichtenden, bösen Glühbirnen noch gab? Und das, während der A+++-Waschautomat zum fünften Mal am Tag läuft, die Spülmaschine, leider nur A++, wiederholt alle Gläser zum Strahlen bringt, weil der Nachbar später reinschauen will, die neue externe Festplatte das tägliche Backup fährt, das iPad seine Software aktualisiert, der Scanner die 167 Rechnungen für die Steuererklärung einsaugt, die vier Smartphones aller Familienmitglieder sowie die Digitalkamera fröhlich an ihren Ladestationen hängen, der Fernseher läuft und der Sohn am Rechner seine Hausaufgaben macht. Mutti raspelt derweil in der Küche mit dem neuen energieeffizienten Multiboy den Sellerie durch, im Umluft-Backofen (A+++, Bestnote im aktuellen Stromvergleich einschlägiger Verbrauchermagazine) brutzelt ein saftiges Hähnchen vor sich hin, und Papa hat gerade auf der Überwachungskamera einen Igel in der Garage entdeckt (wie niedlich!). Den fotografieren wir am besten gleich mal mit der zweiten Digitalkamera oder dem Fotohandy. Ja, und sämtliche Geräte verbrauchen viel weniger Strom als ihre Vorgänger. Wer hätte das überhaupt infrage gestellt. Rechnen Sie doch mal zusammen, was die ungefähr dreiundachtzig Haushaltsgeräte der Deutschen jeweils einsparen. Das sind Unsummen! Da sollen sich die Inder noch mal beschweren. Wir tragen unseren Teil zum Klimaschutz nun wirklich bei.

Doch zurück zur Waschmaschine. Wussten Sie, dass man im Jahr durchschnittlich zehn Euro für den Stromverbrauch einer Waschmaschine ausgibt? Ungelogen. Und wenn nun so ein G-dreifach-minus-Gerät, das es gar nicht mehr gibt, aber wenn es das doch noch gäbe und es würde das Doppelte, also 20 Euro verbrauchen, wäre dafür aber in der Anschaffung 300 Euro günstiger … Wie viele Jahre könnte man dann waschen, ohne dass man draufzahlt? Und gibt es überhaupt Waschmaschinen, die so lange halten?

»Kann ich Ihnen helfen?«

Ich blickte überrascht in ein Milchgesicht, das zu einem Verkäufer des Discounters gehörte. Er trug einen gelben Kittel und bot tatsächlich Hilfe an. Das kam mir sehr gelegen, denn angesichts meiner Überlegungen und der ganzen Produktinformationen auf den Schildern, die an den Geräten hafteten, rauchte mir der Schädel. Hilflos sah ich den Mann an und sagte: »Ja, vielleicht. Ich suche eine Waschmaschine. Können Sie mir nicht einfach etwas Schönes für – sagen wir mal – 500 Euro zusammenstellen?«

Der Mann schaute mich ausdruckslos an. »Wir sind hier nicht im Blumenladen«, erwiderte er. »Sie müssen schon sagen, was Sie wollen.«

»Und wenn ich das selber nicht weiß?«

Der Mann zuckte mit den Achseln.

»Was haben *Sie* denn zu Hause für eine Maschine?«, fragte ich.

»Gar keine, ich bringe die Wäsche zu Mutti.«

Im ersten Moment stutzte ich, doch dann kam mir der Geistesblitz. »Aber Ihre Mutti, die hat doch bestimmt genau die richtige Maschine!«, rief ich begeistert.

Im Laden drehten sich einige Leute um. Man muss das so sehen: Solche Muttis, gerade wenn sie viel für ihre Kinder waschen müssen, haben meist ein gutes Gespür für das richtige Gerät, auch ohne großes technisches Verständnis.

Der Milchgesichtige zuckte erneut die Achseln. »Da habe ich, ehrlich gesagt, noch nie drauf geachtet.«

»Sie verkaufen Waschmaschinen, aber Sie achten im

Alltag nicht auf die Produkte?«, rief ich aus, ehrlich erstaunt.

»Ich bin noch nicht lange in dieser Abteilung«, murmelte der Mann und fügte genervt hinzu: »Vielleicht schauen Sie sich einfach noch ein bisschen um.«

»Entschuldigung, wir hätten nur eine kurze Frage«, mischte sich ein älterer Herr ein, der mit seiner Frau bislang in meinem Windschatten gestanden hatte. Dankbar drehte der Verkäufer mir den Rücken zu. Die kurze Frage entpuppte sich jedoch als langwieriges Verkaufsgespräch. Weder das ältere Ehepaar noch der Verkäufer würdigten mich eines Blickes. Ich hatte meine Chance gehabt, sagte ich mir, als ich frustriert den Laden verließ. Gut, dann werde ich eben die Wäsche heute Abend in der Badewanne mit einem Tubenwaschmittel waschen.

Es gibt einen Satz, den man einem großen fußballerischen Talent zuschreibt, mit Spitznamen »Kobra«, im normalen Leben einfach nur Jürgen Wegmann: »Erst hatten wir kein Glück, dann kam auch noch Pech dazu.« Der philosophische Tiefgang des ballspielenden Teils der Bevölkerung wird ja gemeinhin unterschätzt. Jedenfalls verweigerte am nächsten Tag auch die Spülmaschine ihren Dienst. Trotz deutlicher Warnung, mich jetzt nicht hängen zu lassen, weigerte sich der Geschirrspülautomat beharrlich, seinen Job zu machen. Stattdessen blinkte ein unscheinbares grünes Kontrolllämpchen permanent vier Mal hintereinander auf. Erneut griff ich zum Hörer, in der vagen Hoffnung, doch noch jemanden für eine Vor-Ort-Reparatur zu begeistern. Es bedarf keiner großen Fantasie, sich die begeisterten Reaktionen der angerufenen Installationsfirmen vorzustellen. Ich fragte danach in der Nachbarschaft, dann im Kollegenkreis herum, erhielt einige Geheimtipps, die sich jedoch auch allesamt als Nullnummer entpuppten. Anschließend durchkämmte ich das Billy-Regal auf der Suche nach der Bedienungsanleitung für die Spülmaschine, aber ausgerechnet diese Anleitung musste mir bei einem Umzug abhandengekommen sein. Dafür entdeckte ich die vor vielen Jahren gesuchten Gebrauchshinweise für das Tastentelefon und das Diktiergerät, was mir jetzt aber wirklich nicht weiterhalf.

Schließlich hatte ich den überraschenden Gedanken, direkt beim Hersteller anzurufen. Dort überstand ich mehrere Abwimmelversuche und wurde nach einiger Zeit mit einer Servicenummer verbunden, die sich für meinen Fall sogar zu interessieren schien. Jedenfalls wollte es die Dame am anderen Ende der Leitung ganz genau wissen. Welche Typenbezeichnung die Maschine führte, was denn überhaupt defekt sei, wie die achtundzwanzigstellige Servicenummer laute. Die entdeckte ich dann auch nach genauen Instruktionen im Innern der Maschine, in die ich mich, weiterhin telefonierend, aber inzwischen mit einer Taschenlampe bewaffnet, hineinzwängen musste. Natürlich wollte die weibliche Servicekraft weiterhin Name, Anschrift, Handy- und Festnetznummer wissen (die Faxnummer nur, sofern vorhanden), ferner E-Mail-Adresse und Personalausweisnummer. Schließlich notierte sie, wie oft das grüne Lämpchen blinken würde. Vier Mal. Dann versprach sie einen Rückruf.

Zwei Wochen später, ich hatte mich inzwischen fast an das Abwaschen von Hand gewöhnt, rief mich eine Installationsfirma aus irgendeinem vernuschelten Ort an. Man habe einen dringenden Service Call erhalten, erklärte eine knarzende weibliche Stimme am anderen Ende der Leitung.

»Was? Wer da?«, fragte ich völlig entgeistert, denn es war 6.27 Uhr, und der Anruf auf meinem Handy hatte mich aus tiefsten Träumen geweckt.

»Es geht um Ihre Spülmaschine, oder hat sich das schon erledigt?«

Mit einem Schlag war ich hellwach. »Nein«, rief ich, »die funktioniert immer noch nicht. Können Sie kommen?«

»Ganz ruhig, junger Mann«, antwortete die Stimme. »Ich kann Ihnen einen Termin in vier Wochen geben.«

»Erst in vier Wochen«, rief ich entgeistert. »Geht das denn nicht schneller?«

»Na ja, nur wenn es eilig ist.«

Ich bestätigte, dass dem auf jeden Fall so sei. Keineswegs wollte ich der Anruferin zu verstehen geben, dass das manuelle Abwaschen auch so seinen gewissen Reiz habe. Aber eben nur einen begrenzten.

»Okay, dann erledigen wir das am Donnerstag nächster Woche, Sie müssen aber den Eilaufschlag bezahlen.«

Nichts Gutes ahnend erkundigte ich mich nach der

Höhe, und war fast überrascht, dass es lediglich um läppische 80 Euro ging.

»Nächsten Donnerstag, sieben Uhr morgens«, fasste die Frau resolut zusammen.

»Die Maschine blinkt aber weiterhin vier Mal«, stammelte ich, doch sie hatte bereits aufgelegt.

Im Büro stellte ich fest, dass an dem fraglichen Donnerstag eine Dienstreise geplant war. Sofort verschob ich diese aber, weil ich befürchtete, die Chance auf einen echten Handwerkereinsatz nie wieder zu erhalten. Langsam wurde der Handabwasch nämlich doch recht lästig. Wie konnten die Menschen früher überhaupt ohne Spülmaschinen leben?

Am Mittwochabend ging ich zeitig ins Bett und stellte den Wecker auf halb sieben, um den Handwerker angemessen empfangen zu können.

Alles strahlte so herrlich grün und blau, eine wunderschöne Wassernixe lächelte mir herausfordernd zu, während sie im Wasser um mich herumschwamm. Begeistert streckte ich meine Hände aus und ruderte mit den Armen auf sie zu. Das warme Wasser umschmeichelte meinen Körper, ich war fast glücklich, wäre nur nicht dieses permanente Klingeln gewesen. Warum klingelte die Nixe? Was hatte die denn nur? Sie klingelte immer lauter. Mit einem Schrei schreckte ich aus meinem Bett hoch. 5.52 Uhr zeigte der Wecker, an der Haustür schellte es Sturm. Nur meine Frau schlief wie ein Stein. Im Schlafanzug und mit zerwühltem Haar tapste ich zur Wohnungstür, stolperte über Spielsachen, drehte den Schlüssel erst in die falsche Richtung, dann wohl in die richtige, denn schließlich sprang die Tür auf. Ein untersetzter Typ im Blaumann schaute mich an und imitierte einen militärischen Gruß. Danach nuschelte er: »Firma Lodenkemper, zur Stelle.« In dem Mund des Mannes steckte eine brennende Zigarette.

»Ich dachte um sieben«, bemerkte ich benommen und versuchte, mein Haar zu ordnen.

Der Mitarbeiter der Firma Lodenkemper nahm die Kippe aus dem Mund und brummte: »Der frühe Vogel fängt den Wurm.« Danach schob er mich zur Seite. »Wo ist denn das gute Stück?«, fragte er weiter, während er, ohne sich umzusehen, auf die Küche zusteuerte. Seine Schuhe hinterließen Lehmspuren auf dem Parkett.

»In der Küche«, erklärte ich, aber das war offensichtlich überflüssig. Ich überlegte, ob ich mir etwas anziehen sollte, beschloss dann aber, den Handwerker lieber nicht aus den Augen zu lassen.

»Haben Sie mal einen Ascher?«, fragte er.

Einen »Ascher« hatten wir nicht. Doch ohne einen solchen wirklich zu erwarten, begann er damit, die mitgebrachte kofferähnliche Kiste zu öffnen. Zu meinem Erstaunen waren darin keineswegs Rohrzangen oder Ähnliches untergebracht, sondern ein Computer, ein Drucker und mehrere weitere elektronische Geräte, über deren Zweck ich nur spekulieren konnte. Von der Zigarette fiel Asche auf den Fußboden. Mit Abscheu reichte ich dem Mann ein leeres Gurkenglas. Meine Frau würde mich umbringen.

»Hier, Herr …«

»Bansemann«, sagte Herr Bansemann strahlend und schnippte weiter Asche auf den Boden, das hingehaltene Glas ignorierend. Stattdessen schaute er mich von oben bis unten an, wie ich da zerzaust in meinem viel zu kleinen Schlafanzug vor ihm stand. »Herrlicher Morgen, was?«

»Morgenstund hat Gold im Mund«, murmelte ich und setzte mich kopfschüttelnd an den Küchentisch.

Herr Bansemann fing nun damit an, diverse Kabel in seine mitgebrachten Geräte zu stecken.

»Wollen Sie die Maschine nicht anschauen?«, fragte ich.

»Alles zu seiner Zeit«, dröhnte Herr Bansemann und stöpselte weiter an den Kabeln rum.

»Das blinkt vier Mal«, insistierte ich, doch der Mann hörte einfach nicht zu. Stattdessen hantierte er am Drucker herum und spannte ein Formular ein.

»So«, rief er aus und schaute mich erwartungsvoll an. »Name?«

Nach einer kurzen, aber heftigen Wutattacke, mit der ich meiner Empörung darüber Ausdruck verlieh, dass mich dieser sogenannte Handwerker mitten in der Nacht aus dem Bett holte und dann noch nicht einmal meine Daten im Computer hatte, obwohl ich die doch mit der Service-Hotline durchgegangen war, gab ich klein bei und machte die gewünschten Angaben, die Herr Bansemann mit enervierender Langsamkeit im Einfinger-System in den mitgebrachten Rechner eintippte. Wegen der inzwischen schon abgebrannten Zigarette hatte er nur eine Hand frei, das

Gurkenglas gefiel ihm offensichtlich nicht, um sie dort zu deponieren. Die Küche stank nach kaltem Rauch, obwohl Herr Bansemann kaum eine Viertelstunde da war. Ich war mir sicher, dass meine Frau mich dafür verantwortlich machen würde.

»Wo ist der Anschluss?«, fragte der Mann schließlich.

Ich zog die Schultern hoch. »Keine Ahnung – was für einen Anschluss meinen Sie?«

»USB, Scart, Klinkenanschluss …«, schlug Bansemann vor.

»Hören Sie, das ist eine Spülmaschine und kein Laptop«, brauste ich auf. »Ich glaube kaum, dass es da derartige Anschlüsse gibt, wenn überhaupt, dann vielleicht auf der Rückseite.«

»Moderne Geräte haben so etwas, ziehen Sie das Teil mal vor«, verlangte der Handwerker.

Ich starrte ihn an. »Sie sehen doch, dass die Spülmaschine eingebaut ist.«

»Dann müssen Sie die eben ausbauen«, blaffte Bansemann zurück.

»Sie sind der Handwerker«, entgegnete ich wütend. »Ich habe keine Ahnung, wie man das macht.«

Bansemann sah mich durchdringend an. »Na ja, geht vielleicht auch ohne, das Modell ist sowieso zu alt«, sagte er dann und begann umständlich, die Typenbezeichnung in den Rechner zu hämmern. »Schauen Sie doch mal nach der Seriennummer!«

Zum zweiten Mal seit dem Ausfall des Geräts kroch ich

in die Maschine und brüllte Bansemann die Ziffern zu. Als ich schließlich nassgeschwitzt und mit halb heruntergerutschter Schlafanzughose wieder aus dem Innenraum auftauchte, fragte er mich nach den letzten drei Zahlen, die habe er nämlich nicht mitbekommen. Ich hatte Mordgedanken.

Beim zweiten Durchgang klappte es überraschenderweise mit der Verständigung. Bansemann tippte die Ziffern in das Computerprogramm, lächelte schief und verkündete anschließend das auf dem Bildschirm auftauchende Ergebnis: »Da muss es so ein grünes Kontrolllämpchen geben. Können Sie mal zählen, wie oft das blinkt?«

Ich schlug die Hände vors Gesicht. »Vier Mal«, presste ich verzweifelt heraus, »das habe ich doch schon alles …«

Der Handwerker blieb unerbittlich. »Vier Mal?«, fragte er und meinte, als ich nickte: »Dann ist die Wasserzufuhr unterbrochen. Haben Sie die Leitungen abgestellt?«

»Nein, warum sollte ich so etwas Dummes tun?« Mit einem Schnalzen drehte ich den Wasserhahn am Spülbecken auf. »Sehen Sie, das Wasser läuft!«

»Was ist das für ein kleiner Hebel an dem Hahn?«, fragte Bansemann.

»Keine Ahnung, den sehe ich auch das erste Mal.«

»Das ist wahrscheinlich der Sperrschalter für die Spülmaschine. Drehen Sie den in die andere Richtung.« Ungläubig legte ich den Hebel um. Augenblicklich verschwand das grüne Blinken an der Spülmaschine. »Dann haben wir's ja«, erklärte Bansemann zufrieden.

Fassungslos starrte ich auf den Wasserhahn. Das sollte alles gewesen sein? Ein dämlicher Hebel, den ich wahrscheinlich beim Putzen verstellt hatte? Dafür wochenlange Knochenarbeit und jetzt noch diese nächtliche Attacke, kostenpflichtig dazu?

Bansemann pfiff derweil ein fröhliches Liedchen, tippte munter auf seinem Computer herum, bis mit fürchterlichem Geratter der Drucker startete. »Anfahrt, Reparatur, elektronische Analyse und Eilzuschlag, macht 237 Euro plus Märchensteuer«, zwitscherte Bansemann.

Ich lief rot an. »Dafür bekomme ich fast schon eine neue Maschine«, schrie ich. »Ich hatte doch extra am Telefon gesagt, dass es vier Mal blinkt!«

»Firma dankt«, sagte der Handwerker unbeeindruckt und legte mir einen Zettel auf den Küchentisch. »Sehen Sie, das ist Fortschritt, Sie bekommen die Rechnung gleich hier von mir ausgehändigt – und«, fügte er hinzu, »es ist noch keine sieben Uhr!«

5 Allein unter Monstern

Dank Technik sparen wir immer mehr Zeit. Aber was machen wir jetzt damit? Ein Ausflug in die digitale Unterhaltungswelt

Moderne Technik spart Zeit! Die Jünger der Geräteindustrie werden nicht müde, uns diesen Glaubensgrundsatz zu predigen. Ob er stimmt, ist eher eine philosophische Frage. Ohne jetzt die Sache überstrapazieren zu wollen, müssen wir dazu nochmals ein paar hunderttausend Jahre in der Zeit zurückreisen und einen Blick auf das Steinzeitleben werfen. Hatten die Menschen damals eigentlich weniger Zeit, weil sie ohne elektronisches Bidet auskommen mussten, ohne digitalen Luftverbesserer, ohne Roomba 531? Falls es bei Ihnen nicht sofort klick machte: Das ist ein Mini-Roboter, der ohne menschliche Unterstützung staubsaugt und in einer künftigen Version bestimmt auch Räume ausmessen kann. Hätten die Neandertaler so etwas gehabt, mancher Nachbarschaftsstreit um die größere Höhle wäre vermeidbar gewesen, zumindest wenn man sich über die Flächenberechnung unter den Schrägen einig gewesen wäre.

Unser eigener Blick in das Steinzeitleben würde nur zu wildesten Spekulationen führen, aber wofür haben wir

Forscher, auf die man sich ja verlassen kann. (Und wie verlässlich Forscher sind, hat die Reihe der erfundenen Geräte hinreichend bewiesen.) Egal, Forscher, die keine Geräte herstellen, haben jedenfalls kürzlich eine sensationelle Entdeckung gemacht: Der Steinzeitmensch hatte mehr Freizeit als gemeinhin angenommen. Bislang war man davon ausgegangen, dass Mammutjagen, Feuermachen, Nachbarn verkloppen und aus Säbelzähnen Schmuckstücke basteln aufgrund der eingeschränkten technologischen Möglichkeiten unheimliche Zeitfresser gewesen seien mussten. Die Menschen kamen überhaupt nicht zur Ruhe, und im biblischen Alter von dreißig Jahren, wenn mangelnde Zahnzwischenraumpflege und Fehlernährung das ihrige getan hatten, war eh Schluss – falls man nicht vorher einem Säbelzahntiger oder einer Schlange zum Opfer gefallen war. Bis dahin aber hieß es: Arbeit, Arbeit, Arbeit. Doch weit gefehlt, wie man heute weiß: alles falsch! Die Menschen waren damals höchstens vier Stunden am Tag tätig, den Rest der Zeit lagen sie faul herum, verdauten, malten Höhlenwände an oder stritten sich um den besten Platz am Feuer. Vielleicht haben sie auch Musik gemacht, Gesellschaftsspiele gespielt oder Bisonbratenrezepte ausgetauscht, über das kulturelle Leben von damals wissen wir im Gegensatz zu ihrem Jobleben leider erschreckend wenig.

Das Groteske ist jedoch: Für den modernen Menschen sind trotz all seiner Geräte solche Zustände wie damals unerreichbar. Eine Zwanzig-Stunden-Woche bei vollem Lohnausgleich, das traut sich nicht mal die Linkspartei zu fordern. Gut, werden Sie jetzt einwenden, dafür kann man seine Freizeit heutzutage aber auch effektiver nutzen, denn für die sinnvolle Gestaltung dieser steht uns ein ganzes Arsenal an Unterhaltungselektronik zur Verfügung. Stimmt. Und das fängt schon bei den Jüngsten an. Ein durchschnittlicher Zehnjähriger benötigt mindestens folgende Basis-Ausstattung, wenn sich seine Eltern später nicht vorwerfen lassen wollen, das Kind durch Elektronikentzug vom gesellschaftlichen Leben ausgeschlossen und damit schwer traumatisiert zu haben:

- Ein Nintendo DSi, ein Konsolenspielgerät, mit dem pädagogisch wertvolle Spiele wie »Super Mario«, aber auch welche mit weniger netten Helden gespielt werden können. Auf ein solches Gerät kann zudem »Pokémon« geladen werden. Wenn Sie von mir verlangen zu erklären, was das genau ist, muss ich passen. Es geht wohl um schlecht gezeichnete japanische Trickviecher, die merkwürdige Laute von sich geben und irgendwelche Kämpfe untereinander austragen. Fragen Sie einen Experten, vorzugsweise sind diese im Altersbereich zwischen sechs und zehn Jahren anzutreffen. Im »Real Life«, wie die Welt außerhalb von Internet und Konsolenspielen heißt, gibt es ergänzend unfassbar teure Sammelkarten dazu.* Eltern von Grundschulkindern werden wissen,

* »Real Life« soll übrigens auf Wunsch der Piratenpartei bis 2020 schrittweise abgestellt werden. Danach kann das Leben nur noch digital durchgeführt werden. Sie werden rechtzeitig auf einer Videotexttafel informiert.

wovon ich hier spreche. Örtliche Sparkassen und Volksbanken haben Mikrokreditprogramme aufgelegt, damit sich auch Normalverdiener »Pokémon«-Spiele leisten können.

- Eine PlayStation (mindestens Typ PS 3) von Sony, mit der man Flugsimulationen machen, Monster abschießen, virtuelle Kriege führen oder im »Egoshooter-Modus«* irgendwelche Außerirdischen möglichst realistisch massakrieren kann – eben alles, was ein Zehnjähriger gern tut. Von Altersangaben wie »ab sechzehn« sollte man sich dabei nicht irritieren lassen, das müssen die Hersteller aus irgendwelchen bürokratischen Gründen draufschreiben. Und überlegen Sie doch mal: Auch der kleine Steinzeitjunge hat schon beim Säbelzahntigerschlachten zugesehen – und hat es ihm geschadet? Die PlayStation gibt es auch als tragbare Variante. Ideal, falls ein Ausflug ins reale Leben unumgänglich wird, weil der Kühlschrank leer ist oder Oma und Opa besucht werden müssen, dann können die Kleinen wenigstens unterwegs noch ein paar virtuelle Quad-Rennen fahren oder Zombies zerhacken.

---

* Wenn Sie das jetzt nicht kennen, ist es nicht weiter schlimm. Warten Sie einfach bis zum nächsten Amoklauf an einer Schule, dann werden die Hauptnachrichtensendungen jede Menge Simulationen solcher Egoshooter zeigen, danach dann die Interviews mit altmodischen Experten, die so absurde Dinge behaupten wie, dass das ganze Zeug unsere Kinder gewaltbereit macht und zu solchen Gewaltexzessen führt.

- Falls es trotzdem langweilig wird, empfehle ich, sicherheitshalber eine Xbox 360 von Microsoft anzuschaffen. Hier kann man mit Märchenfiguren aufeinander einschlagen, Drachen töten, mittels brutaler Wagenrennen die Vorherrschaft über Städte erringen oder sich bei Boxkämpfen die digitale Nase blutig hauen.

- Weil sich Ihr Kind bewegen muss, ist eine Wii-Konsole sehr nützlich. Das ist ein Gerät, das an den Fernseher angeschlossen wird. Der oder die Spieler haben dabei kleine Controller mit Bewegungssensoren an den Handgelenken und stehen vor dem Bildschirm. Damit können Gemetzel am Bildschirm noch realistischer und unter eigenem Körpereinsatz durchgeführt werden, aber auch so schöne Sportarten wie Tischtennis, Fußball oder Bowling. Und wegen der Besonderheit dieser Konsole kommt man sogar richtig ins Schwitzen, was unstrittig sehr gesund ist. Falls Sie jemand fragen sollte, warum man den Nachwuchs nicht einfach vor die Tür schickt, um draußen Fußball zu spielen, sagen Sie demjenigen, dass er hoffnungslos rückständig ist, außerdem könnte es ja regnen.*

---

* Bücher wie das, das Sie hier gerade lesen, haben den Nachteil, dass sie sich nicht selbstständig aktualisieren. Bücher erhalten auch keine Updates über Nacht, sondern bleiben genauso wie sie sind, während sie im Regal stehen oder auf dem Nachtschränkchen liegen. Es ist also mehr als wahrscheinlich, dass zum Veröffentlichungstermin dieses Werks bereits Nachfolgemodelle zu den hier genannten Geräten oder vielleicht auch ganz neue Technologien auf dem Markt sind. Fragen Sie daher bitte im örtlichen Fachhandel nach, oder, falls es den nicht mehr gibt, lassen Sie sich bei der Bestellung im Internet von Ihrem Kühlschrank helfen.

- Ein Smartphone mit weiteren soundträchtigen Computerspielen sowie zugehöriger Abspielstation, an die man den iPod und diverse andere Geräte anschließen kann, versteht sich von selbst. Der Vorteil dieser Einrichtung: Sie ersetzt die klassische Stereoanlage. Und da Sie ohnehin Platz gewinnen, wenn Sie auf Bücherregale und Stofftiere verzichten, können Sie noch einen Fernseher und einen PC ins Auge fassen, zumal beide Geräte sowieso bald in einem einzigen aufgehen. Weiterhin könnte man eventuell die Bildschirme der nächsten Konsolengeneration vergrößern – zumindest bis es alles in 3-D gibt, dann muss man den Platzbedarf im »Kinderzimmer« (vulgo: Spielhölle) noch mal neu durchrechnen. Das Smartphone übrigens hat den Vorteil, dass Sie Ihrem Kind auch keine Kamera mehr kaufen müssen, falls es den Wunsch hat, auf dem Schulhof bestimmte Videos aufzunehmen und ins Internet zu stellen.

Das hier dargestellte Unterhaltungsprogramm gibt es selbstverständlich auch für Ältere.

Unter den zahllosen Angeboten sticht vor allem das bekannteste aller Cybergemetzel hervor, das Online-Spiel »World of Warcraft«. In dieser virtuellen Welt spielen weltweit vermutlich mehr als zehn Millionen Menschen herum, immer auf der Jagd nach Drachen, Monstern, der Verbesserung ihrer Spielfiguren und dem Finden seltener Ausrüstungsgegenstände, die der Hersteller, Blizzard Entertainment, gern gegen Entgelt liefert. Wohlgemerkt: Wir sprechen hier von Dingen, die es gar nicht gibt, die aber dennoch viel Geld kosten, vor allem, wenn es sich um extrem seltene nicht existente Dinge handelt und es genug Mitspieler, also Abhängige, gibt, die sich darum streiten. Der Chef eines großen Werbekonzerns postulierte nicht nur das Business mit virtuellen Gegenständen, sondern er verstieg sich auch zu der Aussage: »Künftig gilt: Was nicht digital ist, existiert nicht.« So ist das. Lassen Sie das nicht Ihre Kinder lesen, die erklären Sie glatt zur nicht existenten Person, insbesondere wenn Sie sie ins Bett stecken oder gar die Konsolenspiele verbieten wollen. Ein anderer großer Spieleanbieter, die amerikanische Firma Zynga, macht mehr als eine halbe Milliarde Euro Umsatz, und zwar ebenfalls mit Dingen, die gar nicht vorhanden sind; man kann diese sogar bei eBay ersteigern. Man muss aber auch hier die Vorzüge sehen. Echte Sachen aus dem realen Leben – wie etwa ein banaler Toaster – können bei unsachgemäßer Behandlung kaputt gehen. Sie brauchen nur zu versuchen, ein Scheibe Toast einzuführen, dabei aber versehentlich den USB-Anschluss des Geräts erwischen. Mit einem virtuellen Flammenschwert hingegen kann Ihnen das nicht passieren. Es sei denn, das Schwert wird von einem ebenfalls virtuellen Monster zerbissen. Vor solchen Attacken ist wiederum der Toaster relativ sicher, denn Monster sind im wirklichen Leben bislang nicht vorgesehen. Warum sie dennoch gelegentlich in Form von Lehrern, Vorgesetzten und von (sehr speziellen) Ehefrauen auftauchen, ist bis heute ungeklärt.

Zurück zu den digitalen Freizeitvergnügen. Begonnen hat der ganze Irrsinn mit »Teletennis«. Das war ein an einen Fernseher anzuschließendes Gerät. Mittels zweier Controller, gemeint waren zwei unhandliche Konsolen, die mit Kabeln an dem ebenfalls unzweckmäßig konstruierten Hauptgerät hingen, konnten auf einem schwarzen Bildschirm zwei senkrechte Digitalstriche bewegt werden, die wiederum einen Digitalpunkt hin und her schlugen. In einer Deluxe-Variante konnte man an der unpraktischen Box die Schläger verschärfend auf die halbe Länge reduzieren, was aber nur Fortgeschrittene taten. Bei jeder Berührung von Schläger und Ball gab das Gerät einen extrem künstlich klingenden Laut von sich, in etwa »Büpp«, variiert von einem Geräusch bei Bodenballkontakt (»Biepp«). Faszinierend, wenn es doch nur dabei geblieben wäre. Okay, »Pac-Man« und Co. hätte man vielleicht auch noch ertragen. Aber dann kamen »Tetris« – hier konnte man tagelang herabfallende geometrische Figuren ineinanderstecken – und »Monkey Island«, das Spiel, das bei mir einen frühen Anfall von Spielsucht auslöste. Ostern 1992 dauerte er sechsunddreißig Stunden an, bis ich Gouverneurin Elaine Marley befreit hatte, was sie mir bis heute nicht gedankt hat.

Aber damals – diese gute alte Zeit ist jetzt bestimmt schon zwanzig Jahre her – lagen die Dinge an der Unterhaltungsmedienfront dennoch etwas anders. Zum einen hatten viele, vor allem ältere Menschen – gemeint sind hier Personen jenseits der fünfundzwanzig –, keinen Computer und kein Teletennis. Zum anderen hatten auch die unter Fünfundzwanzigjährigen neben »Pacman« und »Tetris« noch andere Hobbys. Ich zum Beispiel kann freimütig bekennen – die Verjährungsfrist ist abgelaufen –, dass ich mich gern abends durch Vorgärten schlich, in der Hand eine dieser neumodischen, geräteunabhängigen Fernbedienungen, und den Menschen vor den Fernsehern heimlich die Programme umschaltete. War das eine Aufregung, wenn bei *Tatort*-Fans plötzlich die große *Starparade der Volksmusik* über den Bildschirm flimmerte – oder umgekehrt. Aber es gab auch normalere Freizeitvergnügungen. Damals wurden noch richtige Brettspiele gespielt oder Karten. Das »Spiel des Jahres« war Gesprächsthema, also Face-to-Face. Man redete tatsächlich von Angesicht zu Angesicht, mit allen Infektionsrisiken und genauem Zuhören und so.

Apropos Fernbedienung. Es gibt ja immer noch Besitzer von Fernsehern, die kein integriertes Computer-/Tablet-/TV-Smartphone besitzen. Für dieses rückschrittliche Volk werden Flachbildfernseher in diversen Ausführungen vorgehalten. Doch auch solche modernen Fernseher haben es in sich. Aus diesem Grund besteht bei den letzten TV-/Hi-Fi-Läden weiterhin das Geschäftsmodell, gegen Gebühr einen Hausbesuch bei älteren Leuten zu machen und alles so einzustellen, dass diese es möglichst nie wieder ändern müssen. Es soll Fälle geben, bei denen sich die Anwender sogar genau die Stelle gemerkt haben, an denen der TV-Fachmann die Fernbedienung auf den Wohnzimmertisch gelegt hat, damit man sie sicherheitshalber in den nächsten Jahren wieder genau dorthin platzieren kann. Man weiß ja nie … Manche Kunden schreiben sich Merkzettel, welche Knöpfe man in welcher Reihenfolge drücken muss, damit »der Jauch« kommt oder die *Tagesschau*.

Diesem Bestreben nach Überschaubarkeit steht ein wenig der Trend entgegen, Multifunktionsfernseher und noch multifunktionalere Fernbedienungen zu entwickeln, die vermutlich ab der nächsten Generation auch einen eigenen Netzzugang haben und mit denen man – im Gegensatz zu manchem Smartphone – sogar telefonieren kann. Aber das sind unbestätigte Gerüchte. Auf jeden Fall können diese Fernbedienungen so einiges. Sie eignen sich unter anderem dazu, sämtliche Zusatzgeräte wie Blu-Ray- und MP3-Player gleich mit zu bedienen. Ein Nachbar erzählte mir, wie er versuchte, seiner vierundneunzigjährigen Mutter die Vorteile einer solchen Fernbedienung zu erläutern – was dann auch zum Kauf einer solchen führte. Nachdem sie ihn einige Wochen später über das Telefon der Nachbarin erreichte, stellte sich heraus, dass die Ärmste wochenlang vor einem schwarzen Bildschirm gesessen hatte, dazu noch im Dunkeln, weil die Mega-Fernbedienung zugleich die Beleuchtung steuerte. Da hatte sie wohl den falschen Knopf gedrückt. Jetzt wurde die Frau mit einer überdimensional großen Fernbedienung versorgt, die lediglich drei Knöpfe besitzt: An/Aus, Laut/Leise, Programm +/-. Damit kommt sie zurecht. Ich prophezeie diesem Gerät übrigens eine große Zukunft.

Doch die Unterhaltungsindustrie lässt sich von solchen – ihrer Meinung nach – bedauerlichen Einzelfällen nicht schrecken. Momentan wird an einem Fernbedienungscomputer gebastelt, mit dem sich noch mehr Funktionen integrieren und auf den Fernseher übertragen lassen. Wer technisch mitkommt, wird danach über den Fernseher die gesamten Überwachungskameras in und außerhalb der Wohnung steuern können, die Beleuchtung sowieso und natürlich auch die Telefonie, inklusive Webcam-Bilder der Anrufer. Weiterhin wird es möglich sein, sich mittels des Fernbedienungsrechners live in den Backofen zu schalten, um den Bratfortschritt der Weihnachtsgans zu beobachten. Für den überwiegenden Teil der künftigen Nutzer, die natürlich nicht den Hauch einer Ahnung haben, wie man eine Gans zubereitet, geschweige denn, dass man eine Gans essen kann, und was, zum Teufel, überhaupt eine Gans ist (vermutlich so ein Prä-Linux-Ding) – für die gibt es jedenfalls eine Software, die eine brutzelnde Gans simuliert, einschließlich der dazugehörigen Gerüche.* Natürlich wird der Wettbewerb zwischen der Unterhaltungsmedien- und der Smartphone-Industrie dafür sorgen, dass parallel die entsprechenden Tablets so hochgerüstet werden, dass sogar diese den Fernseher steuern können, sie selbst zum Fernseher werden oder mittels einer Beamer-App alle Fernseher überflüssig machen.

---

* Das Gerät wird auch einen Untertitel erzeugen, möglicherweise: »Brennpunkt Gans – ich habe den Stall noch von innen gesehen.«

Ob diese Geräte aber helfen, wenn wieder irgendein analoges oder sonstiges Signal umgestellt wird, steht in den Sternen. Auch ist fraglich, ob das Smartphone-Tablet-Irgendwas-PC-Fernsehfernbedienungsteil einen Videotext haben wird, obwohl oder vielleicht gerade weil der Teletext offenbar eine der wenigen technischen Einrichtungen ist, die vollkommen resistent gegen jedwede technische Veränderung sind. Toll! Ich liebe Videotext! Er sieht immer noch aus wie vor zwanzig Jahren und wird auch noch exakt so bedient. Selbst seine grauseligen Farben haben Wiedererkennungswert, und die unmögliche Klötzchen-Grafik hat ebenfalls kein neues Design erfahren. Die Bedienung ist intuitiv, man benötigt keine Bedienungsanleitung, man muss einfach nur drei Ziffern eintippen. Und die Bundesligatabelle im Ersten Programm steht auf Seite 253. Ich glaube, solange das so ist, besteht insgesamt Hoffnung.

Doch was kommt als Nächstes? Im Netz lässt man sich über die nächste Generation von Unterhaltungsmodulen aus, bei denen der Monitor durch eine Brille ersetzt wird. Die zugehörigen Bilder werden auf die Netzhaut projiziert. Noch besser würde das natürlich mit einer entsprechend hochgerüsteten Kontaktlinse funktionieren, eventuell in Verbindung mit einem direkt ins Gehirn eingepflanzten Chip, gleichsam einem Hirnbeschleuniger. Der könnte ohnehin so manchem Zeitgenossen weiterhelfen, aber das nur nebenbei. Und dann wäre es möglich, an einer Konferenz teilzunehmen und so zu tun, als höre man zu. Oder man sitzt hinter einem Schalter der Deutschen Post und ignoriert die Kundschaft, weil man gerade fremde Welten erobert oder Drachen in die Mangel nimmt – und keiner merkt's. Aber ich merke gerade, dass es diesen Chip vielleicht doch schon gibt und er einigen Zeitgenossen ohne unser Wissen eingepflanzt wurde. Wie dem auch sei, in zehn Jahren haben ihn auf jeden Fall fast alle. Chirurgen, die sich bei Blinddarmoperationen langweilen, Fluglotsen, die es leid sind, immer dieselbe nervtötende Routine beim Einweisen startender und landender Flugzeuge auszuhalten, Busfahrer, die jeden Grashalm auf ihrer Stammstrecke kennen … Es wird richtig schön auf der Welt, auch wenn Biene und Stachelschwein das wahrscheinlich anders sehen werden.*

Mein iPad meldet gerade, dass ich von den Agnora angegriffen werde, das sind so reptilienartige Wesen, und es hat gleich das zugehörige Programm gestartet, damit ich mich zur Wehr setzen kann. Sie werden sicherlich Verständnis haben, dass ich unter diesen Umständen dieses Kapitel erst einmal beende.

* Schönen Gruß an Roy Black.

6 *My car is my castle*

Alles über den ersten Ölwechsel, die Vorzüge moderner Autoelektronik und einen gerade noch so vermiedenen Kolbenfresser

In der Steinzeit hatte man nicht viel. Aber auf das, was man hatte, darauf durfte man stolz sein. Eine Keule, den persönlichen Faustkeil, die erste eigene Höhle. Und das hübsche Stück Schwanz von einem Säbelzahntiger, der dafür im Austausch einen Unterarmknochen erhalten hatte. Das Leben war einfach und gut.

Wissenschaftler werden nicht müde, darauf hinzuweisen, dass uns dieser 2,6 Millionen Jahre andauernde Abschnitt der Menschheitsgeschichte noch ganz schön in den Knochen beziehungsweise in den Genen steckt. Leider verbietet die moderne Zivilisation, die immerhin mit Stolz auf Erfolge wie den Feminismus und das Antidiskriminierungsgesetz hinweisen kann, die meisten der damals absolut gängigen Verhaltensweisen zu akzeptieren. Ausreden wie »Euer Ehren, das waren meine Steinzeitgene, ich bin unschuldig« werden zum Beispiel in mitteleuropäischen Gerichtssälen so gut wie immer ignoriert, vielleicht wollen die Richter nicht an ihre Urahnen erinnert werden. Glücklicherweise gibt es vor allem für Männer, die besonders unter diesem Unverständnis der genetischen Faktenlage leiden, ein Reservat. Eine Welt, in der sie weiterhin protzen dürfen, wer den längsten Knüppel hat: die Welt der Autos.

Unlängst saß ich stolz hinter dem Lenkrad meines neuen geländegängigen Mittelklassewagens. Ein Ausstattungswunder sagen die einen, eine Technikhölle auf Rädern die anderen. Aber eins nach dem anderen. Es war die Jungfernfahrt nach einem nervigen Einweisungsgespräch durch den Fachverkäufer, das sich insbesondere um die Anschlüsse für das iPad und die Bluetooth-Funktionen des Fahrzeugs drehte. Doch jetzt lag das alles hinter und eine mehr als vierstündige Autobahnfahrt vor mir. Ich hatte in einem Ort fern meiner Heimat einen wichtigen Geschäftstermin.

Die erste Stunde verlief eigentlich ausgesprochen glimpflich. Das Fahrzeug schnurrte vor sich hin und warnte nur ab und zu vor irgendwelchen Ereignissen: nichts, was einen mit den Wundern der mobilen Technik vertrauten Dauerautofahrer, wie ich es einer bin, aus der Ruhe bringen könnte. Im Gegenteil: Man sitzt in so einem Geschoss hoch über der Fahrbahn, schaut auf all die langsamen Kleinwagen herunter, vergnügt sich an den diversen Fahrassistenten, die einem faktisch das Denken abnehmen, und reagiert einzig auf akustische Warnsignale, die der Wagen im Minutentakt aussendet. Weil eine bestimmte Geschwindigkeit überschritten wurde, weil man die Seitenlinie zu berühren droht, weil der Wasserstand in der Scheibenwaschanlage unter ein Drittel gefallen ist, oder weil eine der zahlreichen Warnfunktionen temporär nicht funktioniert, man das als Fahrer aber besser mal wissen sollte. Am Anfang ist diese Sache schwer nachzuvollziehen, weil all die Warnsysteme schräge Abkürzungen haben und man aus diesem Grund nicht auf Anhieb beurteilen kann, ob der lautstark angekündigte Ausfall des »ACC« nun das eigene Leben bedroht oder nicht. Nach den ersten Schrecken und einem Weiterleben lernt man, die Abkürzungen zu- und ihre Prioritäten einzuordnen.

Nachdem also diese erste Stunde vergangen war, offenbarte sich der Treibstoffstandanzeiger als beeindruckend rückläufig, mit einem Klingeln wurde ich darauf aufmerksam gemacht. Ich schaute aufs Display auf dem Armaturenbrett. Ein Feld mit einer Ölkanne leuchtete. Seit meinen ersten Fahrversuchen im rotbraunen Golf der Fahrschule Wagner war mir eingebläut worden: »Leuchtet die Öllampe, herrscht Alarmstufe rot! Das ist das Schlimmste, was im Auto passieren kann – und wenn man nicht augenblicklich etwas unternimmt, bekommt man einen Kolbenfresser oder noch viel Fürchterlicheres.« Offen gestanden: Als achtzehnjähriger Fahranfänger hatte ich damals nicht einmal eine Vorstellung von den Aufgaben eines Kolbens, geschweige denn, was geschieht, wenn er gefressen wird. An diesem technischen Unverstand hatte sich bis zu dieser vierstündigen Fahrt nicht sehr viel geändert, umso erschrockener war ich, als ich das Ölzeichen sah. »Du musst sofort rausfahren, den Ölstand messen und mit Sicherheit irgendwo Öl besorgen«, sagte ich laut und hielt Ausschau nach einer Ausfahrt, die glücklicherweise auch bald auftauchte.

Im Jahr fahre ich 50 000 bis 70 000 Kilometer mit meinem Pkw, daher kenne ich eigentlich jede Art von Autobahnausfahrt. Diese hier war leider vom Typ »Eiserner Vorhang«, das heißt, auf beiden Seiten der Landstraße, in welche die Ausfahrt mündete, zogen sich kilometerlang Leitplanken. Nirgends konnte man anhalten. Die Lampe leuchtete nicht mehr, sie blinkte jetzt. Ich schwitzte, gab Gas und fuhr wie die berühmte Butter »immer an der Wand lang«.* Endlich wurde die Leitplanke für einen Waldweg unterbrochen. Im letzten Moment bremste ich und bog mit quietschenden Reifen nach links ab. Glücklicherweise war mir niemand gefolgt. Der Weg erwies sich als Ansammlung von tiefen Matschlöchern, der Wagen sprang auf und nieder, in alle Richtungen spritzte der Schlamm. Fluchend sah ich mich um, als ich zum Stehen kam. Passenderweise trug ich ein feines Business-Outfit und frisch geputzte Halbschuhe. Selbstredend hatte es zu regnen begonnen. Was sollte ich tun? Weiterfahren und den Kolbenfresser riskieren, das wollte ich nicht. Stehen bleiben, aber nicht aussteigen? Eine verlockende Alternative angesichts der von oben herabstürzenden Wasserflut. Aber mein Termin drängte. Ich holte tief Luft und öffnete die Tür. Unter den Ästen am Boden war ein gut getarntes Matschloch platziert. Das bemerkte ich jedoch erst, als ich beherzt auftrat. Mein linker Fuß versank im Schlamm.

* »Meine Mutter schmiert die Butter, immer an der Wand lang, immer an der Wand lang.« Eine Textzeile aus einem Lied von Bully Buhlan, die man nicht unbedingt versteht und gewiss auch nicht braucht.

Ich fluchte und versuchte, wenigstens den rechten Fuß vor diesem Schicksal zu bewahren, dabei rutschte ich aus und kam mit den Knien im Matsch auf. Den Anzug konnte ich vergessen. Ich tapste durch den Regen um das Fahrzeug herum. Vor der Motorhaube angelangt, fiel mir ein, dass es da diesen Hebel links vom Lenkrad gibt, mit dem man die Verriegelung löst. Ich stolperte zur Fahrertür zurück. Diesmal erwischte es an der Schlammstelle den rechten Fuß, aber das war mir jetzt auch schon egal. Ich zog am Hebel und begab mich wieder zur Motorhaube.

Es gibt Männer mit unterschiedlichen Talenten. Das war schon in der Steinzeit so. Ein Teil jagte erfolgreich Mammuts und Säbelzahntiger,* damit die Sippe satt wurde. Ein anderer prügelte sich mit den Nachbarn, um irgendeinen Anspruch durchzusetzen. Und wieder ein anderer Teil, es muss ihn einfach gegeben haben, malte die Höhlenwände an und unterhielt die Frauen mit selbst erfundenen Geschichten über Mammuts, Säbelzahntiger und Nachbarschaftsstreitigkeiten. Genetisch stamme ich offenbar aus dieser dritten Linie und kann daher dem neuzeitlichen Mammutjagdgebiet, dem Motorraum, so gar nichts abgewinnen. Kolben, Lichtmaschine, Anlasser – alles böhmische Dörfer für mich.

In der Frühzeit meines Autofahrerdaseins, das war Ende der Achtziger, also kurz nach der Steinzeit, gab es für mich

* »Säbelzahntiger« ist ein umgangssprachlicher Begriff, den nur Ungebildete verwenden, die wie ich ihr gesamtes Wissen über die Steinzeit aus dem Film *Ice Age* bezogen haben. Der wissenschaftlich korrekte Name lautet: Säbelzahnkatze (lat. Machairodontinae).

ein sehr prägendes, man könnte auch sagen traumatisierendes Erlebnis mit meinem ersten Wagen. Ich hatte eine Besorgung gemacht, und als ich wieder zurück nach Hause fahren wollte, stieg ich in mein am Straßenrand parkendes Kleinfahrzeug ein, das aus französischer Produktion stammte.* Sobald ich hinter dem Steuer saß, drehte ich den Zündschlüssel herum, aber nichts geschah. Es gab nicht mal ein Stottern oder ein Klacken. Es half also nichts, ich musste mich an die einzige Instanz wenden, die in solchen Fällen helfen konnte. Ich meine damit nicht den ADAC, sondern meinen Vater. Betrübt zog ich los, um eine Telefonzelle zu suchen. Das war ein kleines Metallhäuschen, in dem ein Telefon hing, teilweise sogar noch mit Wählscheibe. Man durfte sehr viel Geld in einen Schlitz werfen, konnte dafür aber nur sehr kurz telefonieren. Es waren harte Zeiten. Etwa fünfhundert Meter von der Havariestelle entfernt fand ich tatsächlich solch eine Zelle. Kleinlaut wählte ich die Nummer meiner Eltern, wohl wissend, dass mein Vater aus einer anderen genetischen Steinzeitlinie stammte als ich.

Mit der Schilderung des Problems kam ich nicht sehr weit, denn er brüllte ziemlich schnell los und fragte, obgleich er keine Antwort erwartete, ob ich denn überhaupt nichts über Autos wisse. Nach einer kleinen Pause fügte er hinzu: »Wer Auto fahren will, muss auch Pannen behe-

---

* Ich will damit nichts andeuten; Franzosen und Deutsche sind heute Freunde. Die Franzosen bauen sogar ganz wunderbare Elektroautos, die sie mit ihrem Atomstrom betanken.

ben können.« Selbstverständlich gab ich ihm vollkommen recht, warf bloß ein, dass ich ausgerechnet dieses spezielle Problem nicht im Griff hätte.

»Ist das denn so schwierig? Wenn der Motor beim Anlassen keinen Ton von sich gibt, dann ist wohl was kaputt.«

»Der Anlasser?« Ich hatte dies geraten, weil er das Wort »Anlassen« so betont hatte.

»Gut.« Er stöhnte leise: »Da einfach mal draufhauen, dann geht's meist wieder.«

Ich bedankte mich überschwänglich und legte auf. Auf dem Rückweg begann mir zu dämmern, dass ich keine Ahnung hatte, wie ein Anlasser aussah.

Als ich wieder vor dem Innenleben meines Autos stand, wurde diese Vermutung zur traurigen Gewissheit. Unschlüssig nahm ich den Wagenheber – ich hatte nichts Passenderes zur Hand – und klopfte wahllos auf allem herum, was mir so ins Blickfeld geriet. Wegen der Unhandlichkeit des Wagenhebers war das gar nicht so einfach.* Seit jenem Tag hatte der Wischwasserbehälter ein Leck, ansons-

* Da ich ohnehin gerade Seelenstriptease begehe, erzähle ich Ihnen noch, wie meine erste Begegnung mit einem Wagenheber ablief: Einige Wochen vor dem Anlasser-Desaster stellte ich morgens fest, dass mir über Nacht jemand den rechten Vorderreifen aufgestochen hatte. Ich rief einen genetisch ähnlich vorbelasteten Freund an, und gemeinsam machten wir uns an unseren ersten Reifenwechsel. In der Fernsehsendung *Der 7. Sinn* – sie hatte die Sicherheit erwachsener Verkehrsteilnehmer zum Ziel – hatten wir gesehen, wie man einen Wagenheber ansetzt und anschließend mit dem Kreuzschlüssel hochbockt. Doch warum rollte mein Wagen immer nach vorne weg und ließ sich auch durch herbeigeschleppte Holzklötze nicht daran hindern? Und warum erzählten die im *7. Sinn* nur die halbe Wahrheit und ließen zum Beispiel die Sache mit der Handbremse weg?

ten war die darüber hinausgehende Wirkung meiner Klopferei übersichtlich: Den Zündschlüssel konnte ich so oft herumdrehen, wie ich wollte, der Wagen gab weiterhin keinen Mucks von sich.

Das zweite Gespräch in der eisernen Telefonzelle verlief tendenziell unfreundlicher als das erste. Die mir durch den Hörer entgegenfliegende Schimpftirade habe ich größtenteils verdrängt, auch wenn mir mein Therapeut immer wieder zur Aufarbeitung rät. Das, was ich erinnere, lässt sich in etwa so zusammenfassen: Ein Anlasser hat die Funktion, den Motor anzulassen und ist deshalb in unmittelbarer Nähe des Motorblocks zu suchen. Es folgte wohl zudem eine Kurzbeschreibung über die Optik eines typischen Anlassers. So präpariert, startete ich einen weiteren Klopfversuch, der aber ebenfalls erfolglos blieb.

Heinrich IV. reiste im Jahr 1076 zum Bußgang nach Canossa. Diesen beschwerlichen Weg nahm er jedoch nur ein Mal auf sich, während ich besagte Telefonzelle drei Mal aufsuchen musste. Von einem Gespräch konnte längst keine Rede mehr sein, eher hätte man von Kapitulationsverhandlungen sprechen können, denn das Telefonat endete mit der Durchgabe meiner Positionsdaten und der Ankündigung meines Vaters, die Sache vor Ort zu regeln. Keine zehn Minuten später stand er schimpfend vor meinem blauen französischen Wagen, nicht ohne Hinweise zur Fahrzeugpflege. Ich kann nicht bestreiten, dass ich Häme und Genugtuung empfand, als seine lässig dahingeworfene Äußerung »Und hier ist der Anlass…« abrupt abbrach.

Eine Stunde später musste er die Niederlage einräumen. Auch ihm war es nicht gelungen, den ominösen Anlasser zu entdecken.

Es war die Zeit der Starthilfekabel und Abschleppseile. Mit Warnblinkanlage rollte ich hinter dem Wagen meines Vaters her. In der Werkstatt unseres Vertrauens trugen wir dem Meister unser Problem vor, was diesen guten Mann nicht sonderlich beeindruckte. Er zeigte eigentlich überhaupt keine Regung, während er mit seinem Zwölferschlüssel oder einem sonstigen Werkzeug in einem anderen Auto herumhantierte. Diese Burschen gab es schon in der Steinzeit. Man rief sie, wenn man Schwierigkeiten mit dem Faustkeil hatte – und auch damals hatten sie die Angewohnheit, nicht zu sprechen. »Arrrh, Keil kapuut.« Schweigen. »Kapuut Keil, Loch, arrrrh, verstäään?« Schweigen. »Arrrh, hier, Keil!« Schweigen. Seitenblick. Schweigen.* Und so weiter. Aus einer Seitenlinie dieser Spezies sind übrigens die sogenannten Gelben Engel hervorgegangen, die Pannenhelfer des ADAC.

Schließlich erbarmte sich der Mann und sah sich die Sache an. Nach einer halben Stunde gab er erste Laute von sich, dann ganze Satzteile, die im Wesentlichen Synonyme für menschliche Exkremente und ihre Verwendung darstellten. Erstaunlicherweise gelang ihm irgendwann sogar ein zusammenhängender Satz, den man dahingehend interpretieren konnte, dass er den Motor ausbauen wer-

---

* Sehr freie Übersetzung aus der Steinzeitsprache.

de. Nachdem er das getan hatte, zeigte sich, dass sich der defekte Anlasser unterhalb des Motorblocks befand, vielleicht eine späte Rache der Franzosen am einstigen Erbfeind.

Das alles ging mir durch den Kopf, während ich vor der offenen Motorhaube meines neuen geländegängigen Mittelklassewagens stand. Hier, auf dem Waldweg, im Regen, mit matschiger Erde an meinen Schuhen und in durchnässter Anzughose stellte sich die Sache natürlich wesentlich einfacher dar als damals. Ich musste lediglich den Ölmessstab herausziehen, an einem Tuch abwischen, wieder reinstecken, wieder rausziehen und dann schauen, ob sich eine Phase zwischen der Minimum- und der Maximum-Markierung gebildet hatte. Diesen Test hatte ich schon mehrfach erfolgreich in meinem Autofahrerleben absolviert. Umso entsetzter war ich aber, als ich jetzt keinen Ölmessstab fand, dabei hatte ich mir das doch so gut eingeprägt: Der Öltank sitzt neben dem Motor, und darin steckt der verdammte Ölmessstab.

Nach mehrminütigem Anstarren des Motorblocks beschloss ich, dass mich das nicht weiterbringen würde. Ich knallte die Motorhaube zu und setzte mich wieder hinters Lenkrad. Pitschnass war ich inzwischen. Probeweise startete ich den Motor, aber die Ölleuchte blinkte immer noch. Es half nichts, ich musste in die Bedienungsanleitung schauen. Dort erfuhr ich, dass so ein technisches Meisterwerk wie mein neues Auto eine Trivialität wie einen

Ölmessstab gar nicht besaß. Es verfügte stattdessen über ein digitales Flüssigkeitsdiagnosesystem. Voraussetzung für die Durchführung einer solchen Untersuchung war allerdings – und hier drückte sich das Service-Handbuch überraschend klar aus –, dass der Wagen in einer absolut waagerechten Stellung steht. Diese Bedingung erfüllte der durchweichte Waldweg eindeutig nicht. Es blieb mir nichts anderes übrig, als weiterzufahren und einen Parkplatz zu suchen, den man hoffentlich unter Zuhilfenahme einer Wasserwaage gebaut hatte.

Mit zitternden Knien, weil jeden Moment der Fresser kommen konnte, fuhr ich weiter die Landstraße entlang, bis ich schließlich in eine Ortschaft gelangte. Die einzige Haltebucht, die ich ausfindig machte, konnte man mit viel Wohlwollen als waagerechte Unterlage bezeichnen. Auf dem Touchscreen des Fahrerinformationssystems gab ich die in der Bedienungsanleitung beschriebenen Schritte ein. Schon beim dritten Versuch hatte ich Erfolg. Das System rechnete und vermeldete schließlich, dass dem Wagen ein Liter Öl fehle. Ich sah mich um. In diesem Ort war kaum mit einer Tankstelle zu rechnen. Sollte ich zurück zur Autobahn fahren und dort auf einen Autohof hoffen? Oder aufs Geratewohl die Landstraße nehmen? Noch während ich abwog, fiel mir glücklicherweise ein Grundsatz technischen Fortschritts ein: Moderne Technik löst die Probleme, die sie zuvor selbst verursacht hat. Man kann das positiv sehen, denn im Umkehrschluss heißt das: Jede durch Technik verursachte Schwierigkeit kann durch noch bessere Technik gelöst werden. Angewendet auf mein Tankstellenproblem hieß das: Sicherlich war es keineswegs gut zu nennen, wenn ein Superauto wie meins 18,7 Liter Benzin pro hundert Kilometer verbrauchte und schon nach einer Stunde Jungfernfahrt den ersten Liter Öl verlangte. Einerseits. Andererseits zeigte jedoch das eingebaute Navigationssystem am riesigen Full-Touch-Screen-Fahrerinformationssystem alle umliegenden Tankstellen sogar mit ihrem Markenzeichen an.* Und dem System zufolge gab es in dem fünf Kilometer entfernt liegenden Dorf eine Tankstelle.

Ich weiß nicht, warum, aber die Entwicklungen auf dem Gebiet der Motorenöle müssen in den letzten Jahren komplett an mir vorbeigegangen sein. Hätte ich zum Beispiel vor Betreten der Tankstelle einen Blick auf die Homepage des ADAC geworfen, was angesichts mehrerer von mir mitgeführter Smartphones, Tablet-PCs sowie eines internetfähigen Bordinformationssystems grundsätzlich machbar gewesen wäre, ich wäre weniger überrascht gewesen. »Der Blick ins Regal sorgt meist für Verwirrung.« Diese Formulierung hätte ich unter dem Stichwort »Motor & Öl« lesen können, wenn ich mir nur die Mühe gemacht hätte. Doch hätte diese Feststellung im konkreten Fall wirklich geholfen? Ich bezweifle es.

Statt planmäßig die vielen Regalreihen mit Ölkännchen und -flaschen zu betrachten, musste ich dies nun verwirrt

* Das ist besonders für diejenigen wichtig, die das Benzin nur von einem bestimmten Konzern nehmen und ihren liegen gebliebenen Wagen lieber an der nächsten Tankstelle vorbeischieben.

tun. Benötigte ich ein Einbereichs- oder ein Mehrbereichsöl? War ein Öl mit abgesenkter Hochtemperaturviskosität vonnöten? Hmmh, die blaue Flasche – Leichtlauföl, das klang gut. Nach den vergangenen Strapazen wollte ich es dem Motor ja irgendwie leicht machen. Aber Longlife-Öl hörte sich ebenfalls gut an, dahingestellt, ob man damit dem Fahrzeug oder dem Öl ein langes Leben bescherte. Andererseits benötigte mein PS-Wunder vielleicht etwas Handfestes, möglicherweise ein Öl mit Festschmierstoff? Immer ratloser blickte ich umher.

Im zweiten Regal entdeckte ich ein Nachschlagewerk, das in Umfang und Aufmachung den Gelben Seiten ähnelte. Ich griff nach dem Kompendium, es war nach Automarken und -typen geordnet. Bei meiner Marke endete es mit dem Vorgängermodell meines Wagens. Ich stöhnte auf und ging zur Kasse.

»Können Sie mir ein gutes Öl empfehlen?«, fragte ich den Mann hinter dem Tresen, ein untersetzter Enddreißiger mit Mittelscheitel.

Der zog die Augenbrauen hoch: »Olivenöl, das soll gesund sein.«

»Sehr witzig«, erwiderte ich.

»Haben Sie in das Verzeichnis geschaut?«

Warum konnte der Mann nicht gleich zu erkennen geben, dass er mein Problem erfasst hatte?

»Ja, habe ich«, brummte ich und zeigte durch das Fenster auf meinen Wagen. »Der steht aber nicht drin. Soll ich das Öl vom Vorgängermodell nehmen?«

»Um Gottes willen«, warnte der Gescheitelte mit entsetzter Miene. »Von Modell zu Modell kann das Öl ein völlig anderes sein. Wenn Sie da irgendetwas hineinkippen, können Sie in Teufels Küche kommen! Sie verlieren den Gewährleistungsanspruch, das Getriebe nimmt Schaden, die Hölle tut sich auf …!«

Ich blickte dem Mann in die Augen. Für einen Tankwart hatte er eine ungewöhnlich biblische Ausdrucksweise. Möglicherweise, überlegte ich, ist er einer von denen, die in ihrer Freizeit von Haustür zu Haustür ziehen und die Menschen über das Alte Testament informieren.

Der Mann blinzelte und sagte: »Vielleicht finde ich ja was im Computer.« Nach einer Viertelstunde, ich hatte gerade zum fünften Mal alle an der Kasse verfügbaren Kaugummisorten durchgezählt, winkte er ab. »Können Sie mal Ihre Bedienungsanleitung holen?«, fragte er resigniert.

Doch auch die mehrbändige Fahrzeuganleitung half uns beiden nicht weiter.

»Das ist sehr kompliziert, wissen Sie«, murmelte der Tankwart.

Wir schauten uns hilflos an. In diesem Moment sah seine ältere Kollegin, die die ganze Zeit am Sandwichtresen bedient hatte, zu uns hinüber. »Motoröl?«, rief sie. Es klang wie »Currywurstpommes«.

»Ja«, bestätigte der Freizeitbibelvertreter kleinlaut. »Wir kommen nicht weiter, sein Wagentyp ist noch nirgendwo verzeichnet.«

Die Frau rollte heran, der Figur nach zu urteilen war

sie selbst ihre beste Kundin. Zielsicher griff sie in eins der Ölregale, reichte mir eine graue Ölflasche und sagte mit Nachdruck: »Hier, nehmen Sie das, das nehmen alle!«

Ich kann bestätigen, dass mein Fahrzeug bis zum heutigen Tag, zumindest was das Getriebe angeht, störungsfrei gefahren ist und auch keine Wartungs- oder Intervallprobleme aufgetreten sind. Es sollte mehr solcher Frauen geben.

Am übernächsten Tag hatte ich einen weiteren geschäftlichen Termin, dieses Mal in Schwerin, und aus organisatorischen Gründen musste ich meinen Hund mitnehmen. Das heißt, die Hündin durfte im Auto mitfahren und unterwegs Pausen für Waldspaziergänge nutzen, aber bei dem Termin selbst waren Vierbeiner nicht gerade erwünscht. Was zur Folge hatte, dass ich das Tier nach Ankunft in der Schweriner Altstadt und einem für angemessen erklärten Parkplatz mit einem Extraknochen auf die Rückbank verfrachtete (vorher hatte die Hündin den Beifahrersitz belegt). Nachdem das alles erledigt war, verriegelte ich das Fahrzeug und begab mich zu der angegebenen Adresse. Ich kam fast fünfzig Meter weit, als hinter mir eine ohrenbetäubende Sirene loslegte. Entsetzt blickte ich mich um. Die Quelle des Infernos war eindeutig mein neuer Superwagen. Man konnte es auch schlecht leugnen, denn im an- und abschwellenden Takt des Sirenengeheuls veranstaltete das Fahrzeug eine regelrechte Show mit der Warnblinkanlage und den Scheinwerfern. Links und rechts blieben Passanten stehen, als ich zurückstürzte. Mit dem Lösen der Türverriegelung war augenblicklich Ruhe. Die Hündin schaute mich mitleidheischend an. Ich sagte ihr, sie sei eine Feine, aber jetzt müsse sie wieder Sitz machen und den Extraknochen fressen.

Beim zweiten Versuch schaffte ich zehn Meter mehr, dann ging hinter meinem Rücken das Desaster erneut los. Ich lief auf das Auto zu, hinter den Vordersitzen sah ich einen aufgereckten Hundekopf. Langsam dämmerte mir, was das Problem war. Wenn ich mich vom Fahrzeug entfernte, richtete sich der Hund auf, um zu sehen, wohin Herrchen ging. Dieses Aufrichten löste irgendeinen Bewegungsmelder aus. Abermals schloss ich die Tür auf. Die ganz Feine leckte an meiner Hand. Der Extraknochen purzelte auf die Straße, die Besitzerin schwanzwedelnd hinterher. So ging das alles nicht.

Verzweifelt schaute ich auf die Uhr, ich war schon fünf Minuten überfällig. Auch entging mir nicht, dass sich auf der anderen Straßenseite eine Gruppe Touristen versammelt hatte, die dieses kostenlose Straßentheater genoss. Mir kam eine Idee: Wenn ich nicht abschloss, würde die Alarmeinrichtung auch nicht aktiviert sein. Und an ein Auto, in dem ein großes Tier hockt, würde sich ein Einbrecher wohl kaum trauen. Schnell platzierte ich die Hündin wieder auf dem Rücksitz, fischte den Knochen vom Asphalt, versicherte der Dame ein weiteres Mal, wie fein sie doch sei und dass sie jetzt bis zu meiner Rückkehr gut aufpassen müsse. Schließlich schob ich langsam die Seitentür zu und schlich davon. Bei der Sechzig-Meter-Marke, die ich ereignislos passierte, sagte ich stolz: »Was bist du doch für ein Held, geradezu meisterhaft hast du diese dämliche Technik ausgetrickst.« Der Hochmut hielt noch etwa dreißig Meter, dann kam der tiefe Fall: Hinter mir schrillte die Sirene los.

Völlig entnervt machte ich kehrt und rannte zum Auto zurück. Auf der gegenüberliegenden Straßenseite wurden die ersten Fotos geschossen. Verdattert stellte ich fest, dass der geländetaugliche Mittelklassewagen verriegelt war. Die Hündin bellte. Ich hätte mich ohrfeigen können. Wieso hatte ich nicht mit der Durchtriebenheit dieses Gefährts und seiner Erbauer gerechnet? Tom Cruise kann die komplizierteste Technik austricksen, rügte ich mich, aber du bist unfähig, eine schlichte Sirene zu überlisten. *Mission Impossible!*

Im Nachhinein ist ja immer alles klar: Der Bordcomputer hatte registriert, dass die Türen nicht abgeschlossen waren und daraufhin die automatische Verriegelung gestartet. Beim Klacken des Türschlosses hatte sich die Hündin aufmerksam aufgerichtet – wozu hatte man sich auch einen Wachhund angeschafft? – und damit erneut den Alarm ausgelöst. Was sollte ich jetzt nur tun? Eine Tür offen stehen lassen? Und damit entweder einen anderen Alarm oder aber – falls es den wider Erwarten nicht geben sollte – einen Polizeieinsatz auslösen?

Die Menge schaute mich inzwischen gespannt an; ich bin sicher, es waren Japaner darunter. Mir blieb also keine Wahl, ich musste die Bedienungsanleitung zurate ziehen.

Sechzig Seiten allein zum Problem Alarmanlage! Schließlich fand ich die richtige Stelle. Tatsächlich konnte man die »Innenraumüberwachung« mit einer wüsten Eingabeformel im Fahrzeugterminal einmalig deaktivieren. Was ich dann auch tat. »Herzlichen Glückwunsch«, sagte ich. »Das darfst du jetzt jedes Mal tun, wenn du mit dem Hund unterwegs bist.« Ich verzichtete auf eine erneute Bestätigung, wie fein der Vierbeiner sei, verschloss den Wagen und lief zu meinem Termin. Hinter mir brandete Applaus auf …

Wozu, fragte ich mich im Gehen, benötigt ein Auto überhaupt eine Innenraumüberwachung? Eine Alarmanlage mochte vielleicht Sinn machen – sie meldet sich, wenn das Fahrzeug von außen aufgebrochen oder ohne den richtigen Schlüssel gestartet wird. Aber wozu musste der Innenraum eines verschlossenen Fahrzeugs überwacht werden? Hatten die Konstrukteure zu viele amerikanische Krimiserien gesehen und wollten mit dieser Schaltung verhindern, dass sich ein Unbekannter auf dem Discounter-Parkplatz heimlich auf die Rückbank wirft, während ich noch meine Einkäufe einlade, und lauert, bis ich das Fahrzeug beim nächsten Halt wieder verlasse, um sich dann hinters Lenkrad zu schwingen und finster lachend davonzubrausen? Oder hatten die Autokonstrukteure dieses System deshalb eingebaut, weil sie es erfunden hatten und es jetzt dringend installieren wollten? Diese Hypothese schien mir am plausibelsten.

Als ich von meinem Termin zurückkehrte, musste ich

feststellen, dass ich mit meiner Deaktivierungseingabe etwas falsch gemacht hatte. Jedenfalls wurde der Alarm dieses Mal beim Aufschließen des Fahrzeugs ausgelöst, allein mit dem Unterschied, dass er sich nicht mehr abschalten ließ, ganz egal was man tat. Ich brüllte, ich beruhigte den Hund, ich brüllte wieder, ich stieß Drohungen gegen das sich neu formierende Publikum aus, ich griff zur Bedienungsanleitung. Dort wurde ich belehrt, dass man diese Art von Alarm mit dem kleinen Zusatzschlüssel 46c beenden könne. 46c hängt, überlegte ich, wenn ich ihn nicht weggeschmissen habe, am Ersatzschlüsselbund. Und der wiederum im heimischen Schlüsselkasten, 170 Kilometer weiter östlich.

Eigentlich war ich ziemlich sicher, dass die Sirene nach einigen Minuten die Sinnlosigkeit ihres Tuns einsehen und das schrille Getöse von sich aus einstellen würde. Ebenso würden Warnzeichenanlage und Fernlicht von allein aufhören, im Sekundentakt zu leuchten. Erste Risse bekam diese Überzeugung nach zehn Minuten angespannten Wartens, nach zwanzig wich sie der Gewissheit, dass nur 46c oder Atomwaffen das Drama beenden würden. Eine andere Gewissheit ist mir dagegen an diesem Tag genommen worden: Ich war bis zu diesem Zeitpunkt fest davon überzeugt, dass man binnen weniger Minuten verhaftet wird, wenn man mit einer heulenden Alarmanlage tagsüber durch eine deutsche Innenstadt fährt. Tatsächlich bin ich aber an mehreren Streifenwagen vorbeigefahren, ohne dass Derartiges passierte. An einer roten Ampel zeigte mir ein dönerkauender Beamter, der in einem auf dem Radweg abgestellten Polizeiwagen saß, einen Vogel. Das war alles. Keine Straßensperren, kein Hubschraubereinsatz, keine Fahndungsmeldung im Radio. Dieses drehte ich übrigens auf Maximallautstärke, um die Sirene zu übertönen. Dabei überfuhr ich beim Rechtsabbiegen fast einen Radfahrer, der meine Warnblinkanlage falsch gedeutet hatte. Der Hund heulte 170 Kilometer lang. Es war zum Verzweifeln.

Ruhe kehrte erst mit dem 46c in mein Leben ein.

Ein englischer Franziskanermönch, die Zeitgenossen nannten ihn »Doctor Mirabilis«, sagte bereits im 13. Jahrhundert voraus, dass es irgendwann »Karren« geben würde, »die sich bewegen und in Bewegung bleiben, ohne geschoben oder von irgendeinem Tier gezogen zu werden«. Damit hatte er nicht nur in Bezug auf die Möglichkeiten unserer heutigen Autos recht, er hatte auch, ohne es zu ahnen, prophezeit, wie der Volksmund diese Vierräder später nennen würde. Mein Wunderauto zum Beispiel ist inzwischen fast ein Jahr alt, und neulich fragte mich ein Bekannter, wann ich »die alte Karre« denn endlich verkaufen würde. Angesichts der geschilderten Ereignisse hätte ich schon Lust dazu, aber ich bin sicher, das Folgemodell wird alles nur noch schlimmer machen. Denn was »Doctor Mirabilis«, dessen richtiger Name Roger Bacon lautete und der ungesicherten Quellen zufolge 1214 geboren wurde, nicht überblickt hatte, ist, dass solche Karren – auch ohne Zutun eines etwaigen Tieres – auf freier Strecke stehen bleiben, wenn die Bordelektronik das aus unerfindlichen Gründen für notwendig hält. Und versuchen Sie mal, den Autoschlüssel abzuziehen. Früher war ein Schlüssel nichts anderes als ein Schlüssel. Ein Stück Metall mit Ritzen, einfach und ehrlich. Heute hat er eher die Gestalt US-amerikanischer Mini-Drohnen, wie sie in Afghanistan eingesetzt werden. Vermutlich hat er auch ein vergleichbares elektronisches Innenleben. Der Autoschlüssel taugt zwar nicht zur Feindbeobachtung, dafür steht er aber in permanenter Kommunikation mit der Bordelektronik – und das ist mindestens genauso schlimm.

Manche Schlüssel öffnen den Wagen allein durch bloße Anwesenheit. Ist der Schlüssel an Bord, egal ob im Jackett oder in der Handtasche, kann der Wagen ohne jeglichen Schließvorgang gestartet werden. Die Geschichte des amerikanischen Thrillers muss seit dieser technischen Raffinesse in Teilen neu geschrieben werden. Stellen Sie sich doch nur einmal die typische durchnässte blonde Hollywood-Hauptdarstellerin vor: Sie rennt durch den Nebel des Grauens, verfolgt von einem Serienmörder, einem Vampir oder einem Außerirdischen.* Sie stolpert über einen Ast, ihr Knöchel bricht, sie kriecht mit letzter Kraft auf den rettenden Wagen zu – und … Tja, bislang hätte sie den Schlüssel wahlweise in eine Schlammpfütze fallen lassen, wo sie ihn wegen ihrer zersplitterten Lesebrille

* Nicht Zutreffendes bitte streichen.

nicht gleich gefunden hätte, oder sie hätte ihn gefunden, aber ihre Hand hätte viel zu stark gezittert, um ihn gleich ins Zündschloss zu bekommen. Genug Zeit für ihren Peiniger, sich zähnefletschend oder was auch immer an sie ranzumachen. Zukünftig wird das eine echte Herausforderung für die Drehbuchautoren, Spannung zu erzeugen, denn sobald die Dame jetzt die »Active Zone« des Fahrzeugs erreicht, geht das alles von selbst, dank der kongenialen Elektronik. Für den weiteren dramatischen Verlauf ihrer Fluchtfahrt ist möglicherweise aber auch gar kein irrer Verfolger mehr notwendig, denn was früher ein gut dargestelltes Monster an Gruselgefühlen auslöste, das schafft mittlerweile auch jeder einfache Bordcomputer.

Verlässt man sich auf seine Schockqualitäten, könnte man folgende Szene konstruieren: Durchnässte Blondine ist vollkommen verzweifelt, weil sie nicht in ihr Fahrzeug einsteigen kann. Sie kann, obwohl es für ihr Überleben wichtig wäre, sich nicht hinter das Steuer setzen, denn irgendeine Schaltung hat dafür gesorgt, dass der Fahrersitz sich während ihrer Abwesenheit in die »Grundposition« geschoben hat. Und »Grundposition« bedeutet, dass das Sitzoberteil Kontakt mit dem Lenkrad hat und von diesem auch nicht mehr lassen will. Sollte sie nicht von diesem Problem am Wegfahren gehindert werden, gäbe es noch eine weitere Variante: Es gelingt ihr zwar einzusteigen und loszufahren, aber die automatische Abstandswahrung beginnt einen Streit mit der automatischen Motorabschaltung. Diese beiden Systeme widersprechen sich im Grunde nämlich. Die Abstandswahrung ist eine Weiterentwicklung des Tempomaten und misst die Distanz zum vorausfahrenden Fahrzeug. Ihr besonderes Mühen ist es, auch bei Schritttempo oder beim Heranfahren an rote Ampeln das Fahrzeug in Bewegung zu halten – und sei es nur mit 0,08 Stundenkilometern. Die Abschaltung ist aber um das pure Gegenteil bestrebt. Sie will eben abschalten. Motor aus. Ende. Nichts geht mehr. Der Fahrer soll schließlich Benzin sparen. An jeder roten Ampel, an jedem Bahnübergang, an jedem Stoppschild, aber auch an jedem Ruhepunkt beim Stop and Go im Autobahnstau. Das ist wie beim Wasser- und Stromsparen, auch hier wird die Welt immer besser. Bald schon werden die weltweit knapp eine Milliarde Fahrzeuge alle eine solche Sparautomatik haben, und dann geht es richtig voran mit dem Umweltschutz. Und wenn erst einmal sämtliche Chinesen und Inder ein eigenes Auto besitzen und der Fahrzeugbestand global auf zwei oder drei Milliarden angewachsen ist, werden wir dank solcher Erfindungen verstärkt Benzin sparen. Am Ende müssen es die Saudis wahrscheinlich wieder in der Wüste verbuddeln, so sparsam wird das alles noch werden.

Aber zurück zu unserer Hauptdarstellerin. Der Krieg der Systeme könnte am Ende dazu führen, dass ihr Wagen mitten auf einer dunklen Landstraße abrupt stehen bleibt, weil die beiden elektronischen Gefechtspartner sich nicht einigen können. Der Nebel wabert, die Wölfe heulen – was wird die Verfolgte machen? Richtig: den ADAC rufen. Dann taucht plötzlich ein Gelber Engel auf, also einer dieser Männer, die eigentlich nicht reden. Aber bei der unterstellten herausragenden Optik der Hollywoodschönheit wird der Mann vielleicht eine Ausnahme machen. Natürlich nur, wenn sie einen Schutzbrief hat. Aber solche Frauen haben immer einen Schutzbrief.

Und manchmal haben ihn auch Männer. Ein Freund von mir blieb neulich auf der Stadtautobahn einer Ruhrgebietsmetropole liegen und rief den ADAC zu Hilfe. Er war so mit seiner Panne beschäftigt, dass er gar nicht sah, wie er direkt vor einer ADAC-Niederlassung liegen geblieben war. Nach mehreren Stunden tauchte dann unvermittelt ein Pannenhelfer auf und meinte, er sei extra aus Karlsruhe herbeigeeilt. Als mein Bekannter, der inzwischen das ADAC-Gebäude in seinem Rücken entdeckt hatte, die Sinnhaftigkeit dieser Aktion infrage stellte, erklärte ihm der Gelbe Engel verärgert, sein Einsatz werde von einer unfassbar teuren Logistiksoftware gesteuert und die könne sich nicht irren. Vielleicht stimmt die Geschichte aber auch gar nicht, rund ums Auto wird ja gern gelogen, dass sich die Balken biegen. Und in Deutschland den ADAC zu kritisieren, das ist so ähnlich, wie in Teheran vor einer großen Moschee eine Brandrede gegen die Ayatollahs zu halten. Ich habe also nichts gesagt.

Bleibt die Sache mit dem Schlüssel. Mein Wagen hat nur die einfache elektronische Ausführung, keine »Key Zone«, das heißt, man muss die Schlüsseldrohne immer noch in die dafür vorgesehene Öffnung schieben. Das ist nicht das Problem – aber ich verzweifle regelmäßig, wenn ich den

Schlüssel wieder abziehen muss. Dafür ist eine für mich bis heute nicht nachvollziehbare Abfolge von Handlungen notwendig, worin Bremse, Stellung des Automatikgetriebes und eine spezielle Handdrehung verwickelt sind. Ich habe ausgerechnet, dass Drei-hoch-sieben-Kombinationen aller Beteiligten denkbar sind, weswegen ich eigentlich glücklich sein kann, dass ich den Schlüssel häufig schon mit dem vierten oder fünften Versuch aus dem Loch bekomme.

Fassen wir bis hierhin zusammen: In der Steinzeit gab es noch keine Autos, nicht einmal das Rad war erfunden. Das soll angeblich erst 4000 v. Chr. passiert sein, wobei das aus heutiger Sicht auch schon ganz schön lange her ist. Bis in die achtziger Jahre hinein war ein Auto eher für Grobmotoriker geeignet, weil es kaum Servolenkungen und Bremskraftverstärker gab. Dafür konnten – oder gerade deshalb – einfach patente Menschen noch Dinge wie Scheinwerferlampen auswechseln, Keilriemen erneuern oder schlicht mal auf den Anlasser klopfen. Das heutige Fahrzeug hat sich von diesen ordinär-mechanischen Dingen entfernt und wendet sich wichtigeren Fragen wie Einstellungen der Lenkradheizung, Zahl der USB-Anschlüsse und Klangqualität der iPod-Schnittstelle im Autoradio zu.

Diese war bei mir letztens übrigens defekt, ja wirklich! Beim Klavierkonzert Nr. 2 von Johannes Brahms gab es ein unangenehmes Rauschen im Hintergrund, aus diesem Grund musste das Auto sofort in die Werkstatt. Am nächsten Tag, als ich das Gefährt abholen wollte, ging der

Werkstattmeister mit mir zum Fahrzeug. Dort warteten schon der ausführende Mechaniker und der zugezogene EDV-Spezialist auf mich. Alle erklärten mir wortreich, man habe den Wagen einem Update unterzogen, es sei jede Menge neuer Software aufgespielt worden, und wenn es jetzt weiterhin rausche, werde man mein Tablet in einem eigens dafür hergerichteten Akustikstudio überprüfen. Ich sah die Männer an. Niemand von ihnen hatte ölverschmierte Hände, der Mechaniker trug Krawatte, und ich musste unwillkürlich an den schweigenden Mann mit dem Zwölferschlüssel denken, der damals in den Achtzigern meinen Motor in dem Wagen einer französischen Automarke ausgebaut hatte. Ich weiß wirklich nicht, ob wir uns seitdem verbessert haben.

Bei meiner bisherigen Hasstirade bin ich bislang gar nicht groß auf mein Navigationssystem eingegangen, weil ich darüber schon ein anderes Buch geschrieben habe.* Einen Punkt möchte ich aber doch noch anführen: Seit Neuestem ist mein Navi ständig betrunken. Es lallt. Aus »Paul-Dietrich-Straße« macht es »Pauldierichraaaße« und aus »Ligusterweg« »Lihuustaweeech«. Unheimlich! Ich habe aber keine Lust, erneut zur Werkstatt zu fahren. Ich befürchte, dass die einen Systempsychologen zuziehen, der mit dem Navigationsgerät über dessen Ängste und Wünsche spricht. Nicht auszumalen. Aber wahrscheinlich ist das

---

* *Wenn möglich bitte wenden. Erlebnisse eines Autofahrers.* Goldmann Verlag. München 2010.

erst der Anfang, ein Experiment mit neuartigen Navigationssystemen. Denn schauen beziehungsweise hören wir uns doch die bestehenden an: Da sagt eine tonlose Frauen- oder Männerstimme so blöde Sachen wie: »In vierhundert Metern im Kreisverkehr die zweite Ausfahrt nehmen.« Mal ehrlich, liebe Sounddesigner, da geht mehr. Warum kann ein Navigationsgerät nicht wie Angela Merkel klingen: »Ich finde, und das haben wir immer gesagt, dass es bei der nächsten Ausfahrt rechts abgehen sollte, und hier sind wir uns mit unseren europäischen Partnern völlig einig, dieser Weg ist alternativlos.« Da hat man das gute Gefühl, wirklich auf dem richtigen Weg zu sein. Das Navi könnte aber auch mit der Stimme von Joachim Gauck formulieren: »Es ist nicht wichtig, ob Sie nach links oder nach rechts abbiegen, wichtig ist, dass Sie die Freiheit haben zu entscheiden, wohin Sie fahren. In der DDR wurde uns vorgeschrieben, welchen Weg wir zur Arbeit nehmen mussten, und ich schäme mich nicht zu sagen, 1990 habe ich geweint, als ich das erste Mal selbst die Richtung bestimmen durfte und gleich verkehrt herum in eine Einbahnstraße gefahren bin.« Das ist vielleicht in dem konkreten Moment, wo Sie die Bachstraße 35 in Hodenhagen suchen, nicht so praktisch, aber dafür umso ergreifender, oder?

Gute Navigationsgeräte sind meines Erachtens auch immer noch zu teuer. Der Preis würde jedoch sinken, wenn man ein bisschen Werbung zulassen würde. Was kann es schon schaden, wenn unterwegs auf das eine oder andere Sonderangebot im Discounter hingewiesen wird? Etwa so:

»Der Straße für zwei Kilometer folgen. So haben Sie genügend Zeit, um über die Anschaffung eines neuen Gartengrills nachzudenken. Den gibt es bei Penny, jetzt für 19,99 Euro, und wenn Sie in dreihundert Metern halb rechts abbiegen und dann sofort wieder scharf rechts, können Sie noch heute den Grillspaß für die ganze Familie erleben!« Vielleicht ist das aber doch keine so gute Idee, denn wenn diese Programmierer erst einmal Blut geleckt haben, koppeln die das Navi möglicherweise mit anderen Bordsystemen. Dann fährt das Auto automatisch den nächsten Lidl an und aktiviert die Wegfahrsperre, bis man das gottverdammte Nackenfleisch zum Aktionspreis von 3,99 Euro das Kilo gekauft hat. Wahrscheinlich schimpft es auch noch, weil man nur eine Packung genommen hat. Im Grunde bräuchte man ohnehin ein Lebensnavi, das einem nicht nur im Straßenverkehr, sondern auch im restlichen Leben befiehlt, wo es langgeht. Obwohl … Eigentlich gibt es das ja schon, es heißt »Ehefrau«.

Besser zurück zur Autotechnik. War da nicht mal ein System im Gespräch, das den Atem-Alkohol misst, ab 0,3 Promille Belehrungen ausspricht und ab 0,5 Promille einfach die Weiterfahrt blockiert? Und an einer Straßenschilderkennung wird ohnehin gearbeitet. Das wird lustig! Achten Sie mal bei Ihrer nächsten Fahrt durch eine Innenstadt auf alle Verkehrszeichen, und ich meine wirklich ALLE. Und dann versuchen Sie, auch alle zu befolgen. Ich sehe vor mir kilometerlange Schlangen von Fahrzeugen, die sich mit fünf Stundenkilometern durch die Straßen vorwärtsschleppen, während sich die Straßenschilderkennungssoftware an dem ganzen Schilderwald abarbeitet.

Eventuell könnte noch etwas erfunden werden, sodass man nicht mehr selber tanken muss. Wäre doch nett: Während man schläft, fährt das Auto selbstständig die nächste Station an, tankt voll und bringt gleich noch Zigaretten und vor allem Milch mit, natürlich nur in Absprache mit dem Kühlschrank.

7 Wenn das Handy dreimal klingelt

Nicht nur E.T. muss mal nach Hause telefonieren

»Du brauchst auch mal wieder ein neues Handy«, sagte meine Frau neulich am samstäglichen Frühstückstisch. Ich fand das nicht, weil diese Ansage ähnlich wie »Du brauchst auch mal wieder eine neue Hose« zwangsläufig in nicht enden wollenden und stressigen Ladenbesuchen ausarten würde. Und genau genommen besitze ich bereits drei Handys. Erstens das Smartphone, das ich zwangsweise benutze, weil ich sonst meine dienstlichen E-Mails nicht abrufen kann. Zweitens das Billighandy mit einem Billigtarif eines Billiganbieters, mit dem ich kostenlos alle Bekannten anrufen kann, die sich beim selben Billiganbieter ein Handy haben andrehen lassen. Blöderweise sind es nach letzter Zählung null Leute, nachdem Manfred zu einem anderen Billiganbieter, dem einer Drogeriemarktkette, gewechselt ist. Aber jetzt will ich das Handy nicht mehr aufgeben, es könnten ja wieder Bekannte zu meinem Anbieter wechseln – und dann würde ich vielleicht etwas sparen. Ja, und drittens mein eigentliches Handy, das mit dem unglaublich günstigen Tarif von 1998, den es natürlich längst nicht mehr gibt und auch nie mehr geben wird. Aber es ist ein Handy, mit dem man tatsächlich noch richtig telefonieren kann.

Auf die von mir schmerzlich vermisste Wählscheibe bin ich schon im Zusammenhang mit der berüchtigten Telefonzelle eingegangen. Die wird wohl – ebenso wie der erwähnte Handytarif – nie mehr auftauchen, es sei denn, irgendeine Retro-Welle schwappt über uns. Aber dann wird sie vermutlich in Form einer App über uns hereinbrechen – die »Wähle-wie-deine-Vorfahren-App«. Die echte Wählschreibe jedoch, die sich mit einem Schleifgeräusch drehte und bei der man mit dem Mittelfinger einen tatsächlichen Widerstand überwinden musste, die wird es wirklich nie wieder geben, ebenso wenig wie »Porty«, eines der ersten tragbaren Telefone, die in der Langversion auch Portables genannt wurden. Porty sah ungefähr so aus wie eine Autobatterie, auf der oben ein Hörer angebracht war. Das Kistchen mit Tragegriff lief über das nirgendwo verfügbare C-Netz, und spätestens nach einer halben Stunde war der Akku leer. Unabhängig davon war das mobile Telefon überhaupt immer leer, wenn man es brauchte. Hinzu kam, dass ein Porty teuer war, und wegen des nie vorhandenen Empfangs war es im Grunde völlig nutzlos. Normale Menschen hätten es daher nie verwendet, aber bei Journalisten erfreute es sich Anfang der neunziger Jahre einer gewissen Beliebtheit, weil es ihnen das Gefühl gab, sie könnten damit effektiver arbeiten. Außerdem sah man mörderwichtig aus, wenn man ein solches Ding vorweisen konnte. In diesen Jahren war ich zufällig als Korrespondent tätig und hatte deshalb auch so ein Porty. Im Regelfall, also bei eiligen Meldungen, aufsehenerregenden Pressekonferenzen,

Banküberfällen, politischen Skandalen und all den übrigen brandheißen Nachrichten, die man als Reporter gern schnell verbreitet, versagte Porty jedoch, und ich war – wie viele Kollegen – stets auf der Suche nach einem öffentlichen oder einem anderen verfügbaren Fernsprecher.

So auch, als Horst Köhler in mein Leben trat. Es war 1992, und er gab eine Pressekonferenz. Köhler war damals lediglich Staatssekretär im Bundesfinanzministerium, und niemand hätte geahnt, dass dieser unscheinbare Mensch einmal Bundespräsident werden würde. Ich saß mit meinem »toten« Porty zwischen Journalistenkollegen und war fürchterlich aufgeregt. Nicht weil Köhler eine spektakuläre Rücktrittserklärung abgab, diese schlechte Angewohnheit entwickelte er erst viel später, sondern weil er über internationale Finanzfragen referierte. Wenn Sie es jetzt seltsam finden, dass mich das nervös machte, obwohl es damals weder den Euro noch die Bankenkrise gab und selbst Griechenland im Grundsatz noch gar nicht erfunden war: Der Grund meiner Unruhe war schlichtweg, dass ich kein Wort verstand (inhaltlich, nicht akustisch), aber von meiner Redaktion angehalten war, möglichst vor Ende der Pressekonferenz eine »sensationelle« Nachricht durchzutelefonieren. Angestrengt notierte ich irgendwelche Satzfetzen und verließ schließlich den Saal, um wieder einmal ein richtiges Telefon zu suchen.

Zunächst eilte ich ins Foyer des Ministeriums, in dem es öffentliche Fernsprecher gab; doch auf diese glorreiche Idee waren natürlich schon andere Kollegen gekommen. Alle Geräte waren besetzt, und vor ihnen hatten sich Schlangen gebildet. Ratlos rannte ich durch einen Gang, in der Hoffnung, es gäbe vielleicht ein weiteres Foyer. Als ich schließlich in eine Sackgasse geriet, kam mir plötzlich ein blasser Mann in einem grauen Anzug entgegen.

»Können Sie mir sagen, ob hier irgendwo ein Fernsprecher ist?«, fragte ich hektisch, und als er mich, ohne ein Wort zu sagen, misstrauisch beäugte, fügte ich hinzu, ich sei Journalist und müsse eine Meldung über die Pressekonferenz von Staatssekretär Köhler durchgeben.

»Folgen Sie mir in mein Büro«, sagte der Mann leise und tonlos. Er hatte glatte, schwarze Haare und kleine Augen mit tiefen Ringen darunter. Ich ging hinter ihm her, und während wir durch den Gang liefen, schoss mir durch den Kopf, dass der nicht sehr groß geratene Beamte bestimmt ein Fachmann für internationale Finanzpolitik war und ich mich mit meinem ahnungslosen Geschreibsel, das ich akustisch durchgeben musste, fürchterlich blamieren würde.

Im Büro angelangt, entdeckte ich sofort das grüne Telefon des Beamten. Ich stürzte mich auf es, nachdem mich der Mann dazu aufgefordert hatte, es zu benutzen, und wählte zitternd die Nummer der »Aufnahme«; damals gab es in Redaktionen noch Stenotypistinnen, denen man am Telefon Texte diktieren konnte, die sie in die Redaktionssysteme tippten.

»Hi, wie geht es dir?«, flötete die Schreibkraft, eine sehr hübsche, hochgewachsene Blondine, mit der ich sonst immer gern plauderte. Doch heute war mir nicht danach.

»Ähm, hallo, Sandra, du äh, ich bin hier nicht alleine – ich darf netterweise einen Telefonapparat im Finanzministerium benutzen«, stammelte ich. So ging das nicht weiter. Ich versuchte, mich zusammenzureißen, und starrte auf meine mitgeschriebenen, irgendwie doch sehr zusammenhanglosen Zitate von Horst Köhler. Ohne den Mann hinter dem Schreibtisch anzuschauen, begann ich einen Text zu formulieren, der möglichst viele Allgemeinplätze enthielt wie: »Staatssekretär Köhler betonte die Bedeutung der internationalen Finanzplätze. Hier müsse seiner Meinung nach in Zukunft ein Schwerpunkt der politischen Arbeit liegen.«

»Klingt ja voll spannend«, gluckste Sandra.

Ich stöhnte leise. »Okay, so lassen wir es«, sagte ich schließlich, als ich glaubte, alles Wichtige erwähnt zu haben. Danach würgte ich Sandra ab, die mir noch ein bisschen Redaktionsklatsch erzählen wollte. Nachdem ich aufgelegt hatte, stieg augenblicklich Scham in mir hoch. Ich stellte mir vor, wie der Fachbeamte über diesen völlig inkompetenten Journalisten – mich – in seinem Innersten lachte. Allerdings verbarg er es gut, denn er schaute mich mit großen Augen an.

»Und wo erscheint das jetzt?«, wollte er wissen.

»Na ja, bundesweit, weltweit, keine Ahnung. Ich arbeite für eine Nachrichtenagentur«, antwortete ich.

Seine Augen wurden noch größer. Ich schaute auf seinen halb geöffneten Mund, dann blickte ich mich zum ersten Mal in dem Büro um. Vor lauter Anspannung und Konzentration hatte ich meine Umgebung gar nicht richtig wahrgenommen. Das Büro maß vielleicht zehn Quadratmeter. In der Mitte stand der Schreibtisch des Mannes, er saß dahinter, ich davor, auf einem schäbigen Holzstuhl. An der Wand links hinter dem Schreibtisch gab es einen Schrank, der ein wenig offen stand. Man konnte erkennen, dass sich darin außer einem Mantel nichts weiter befand. Auf dem Schreibtisch lag nichts, abgesehen von einer dunkelgrünen Schreibtischunterlage aus Plastik und einem gespitzten Bleistift. Die Wände waren kahl, kein Bild, kein Plakat.

»Das, das muss sehr aufregend sein«, fügte der Beamte hinzu.

Ich erhob mich von dem abgewetzten Stuhl. »Vielen Dank, Sie haben mir sehr geholfen«, antwortete ich, ohne näher auf seine Bemerkung einzugehen. Ich öffnete die Tür, wobei ich mich umdrehte und noch einmal einen letzten Blick auf das trostlose Ensemble warf. Der blasse Mann blieb hinter seinem Schreibtisch sitzen. Ich schloss die Tür.

In der Erwartung, dass alle Beamten des Finanzministeriums Fachleute für internationale Finanzbeziehungen waren, hatte ich die Sache wohl völlig falsch eingeschätzt. In Wirklichkeit hatte ich dem Mann offenbar mit meinem Auftritt eins der spannendsten Erlebnisse seines Lebens beschert, abgesehen von der Fahrprüfung und der Überreichung seiner Beamtenurkunde durch den zuständigen Behördenchef. Aber was taten solche Leute eigentlich genau? An der Tür zu dem schäbigen Büroverschlag hatte lediglich »567.7« gestanden. Später erzählte mir ein erfahrener Kollege, es gäbe in den Bundesministerien Hunderte von Beamten dieser Art. Grund dafür seien die ständigen Machtkämpfe zwischen Ministern und Koalitionsparteien. Dabei würden ganze Bereiche oder Zuständigkeiten von einem ins andere Ministerium ziehen, nicht ohne dass irgendwelche Abteilungen auf der Strecke bleiben würden, die man aber wegen Unkündbarkeit der in ihr tätigen Beamten nicht auflösen könne. Stattdessen würden die Staatsdiener dann ohne jede Aufgabe vor sich hindämmern. Offenbar war ich bei meiner Suche nach einem Telefon in einen derartigen Ministeriumsflügel der Untoten geraten.

Eines sollte man sich dabei vor Augen führen: Geschichten wie diese konnte man damals nur wegen der nicht vorhandenen Telekommunikationstechnik erleben. Heutzutage müssen Journalisten die Pressekonferenz gar nicht verlassen, weil sie dank Laptops und Tablet-PCs alles gleich online in ihre Systeme schreiben können. Sie müssen eigentlich auch gar nicht mehr an den Konferenzen teilnehmen, sondern können skypen oder ein Videoforum nutzen. Der Staatssekretär kann dann alles zu den internationalen Währungsturbulenzen direkt in eine Webcam erzählen, die auf seinem Schreibtisch steht oder mittags an seinem Stammplatz in einem griechischen Restaurant.

Bleiben wir bei der Betrachtung der rasanten Entwicklung auf dem Telefonsektor noch weiter im Jahr 1992. Wieder spielt ein Telefon die entscheidende Hauptrolle beziehungsweise ein fehlendes. Es war der 19. Oktober, ein trüber Abend begann. Am Vortag war ich umgezogen, in ein Reihenhäuschen im Bonner Stadtteil Tannenbusch, dabei hatte ich mich scheußlich verkühlt. Ich fieberte, der Hals kratzte, definitiv war eine dicke Grippe im Anmarsch. Am nächsten Tag hätte ich wieder arbeiten müssen, doch es war keine Frage: Ich musste mich in der Redaktion krankmelden. Doch wie? In der neuen Wohnung war noch kein Telefon installiert, und es gab auch keine Handys. Also verließ ich hustend das Haus, um nach bekannter Manier eine Telefonzelle zu suchen. Das Reihenhaus befand sich am Ende einer Anliegerstraße, die ich dazu durchqueren musste. Ich schlich an den Vorgärten vorbei, und natürlich fing es auch zu nieseln an. Einige Häuser weiter warteten Polizisten vor einem Hauseingang. Ich fror entsetzlich, wahrscheinlich stieg das Fieber, deswegen schenkte ich den Beamten keine weitere Beachtung. Die Anliegerstraße mündete in eine Hauptstraße, an der Ecke stand zum Glück die ersehnte Telefonzelle. Ich rief in der Redaktion an, meldete meine Grippe, nahm die Genesungswünsche entgegen und lief die kleine Straße wieder zurück, in der Hoffnung, auf diese Weise schneller ins Bett zu kommen.

Die gesamte Zeit hatte jedoch etwas in meinem Unterbewusstsein gearbeitet. Jetzt, als ich abermals an dem Hauseingang mit den Polizisten vorbeikam, brach es sich Bahn. Warum, zum Teufel, hatten Polizisten vor dem Eingang eines tristen Reihenhauses in einer Bonner Vorortsiedlung Posten bezogen? Ich sprach einen der Beamten an, zeigte meinen Presseausweis und fragte nach dem

Grund des Polizeieinsatzes. Der Mann murmelte etwas von einem Doppelmord, danach bat er mich weiterzugehen. Schlagartig sank mein Fieber. Ich starrte den Beamten an, ohne seiner Aufforderung Folge zu leisten. Als ich dann nach Einzelheiten fragte, machte er nur eine unwirsche Handbewegung, was nichts anderes hieß, ich solle doch endlich verschwinden. Da nun sämtliche Krankheitssymptome verschwunden waren, klingelte ich an einer der Nachbartüren. Ein ungepflegter Mittfünfziger im T-Shirt öffnete und schaute mich misstrauisch an. »Ja?«, sagte er. Hinter ihm dröhnte Volksmusik aus der Wohnung. Es roch nach Kohl.* Ich sagte meinen Namen, wies mich aus und fragte den verdutzten Mann, wer denn da drüben wohne.

»Was geht dich das an?«, knurrte der Mittfünfziger und warf einen abschätzigen Blick zum neben gelegenen Hauseingang. »Na, diese Typen«, schnalzte er schließlich. »Der General und diese Grüne, Sie wissen schon …« Er schaute etwas interessierter zu den Polizisten hinüber.

»Meinen Sie etwa … Petra Kelly?« Ich war verdutzt, da ich nicht gewusst hatte, wer da in meiner unmittelbaren Nachbarschaft wohnte.

»Na ja, klar, die …«, antwortete der Volksmusikliebhaber, ohne seine Augen von den Polizisten zu lassen.

Ich drehte mich um und rannte, tatsächlich völlig fieberfrei, zurück zur Telefonzelle.

---

* Ich meine hier das Gemüse. An den Geruch des damaligen Bundeskanzlers kann ich mich nicht mehr erinnern.

So kam es, dass ich an dem Tag der erste Journalist war, der über den Tod der Grünen-Politiker Petra Kelly und Gert Bastian berichtete. Hätte ich ein Handy und einen Tablet-PC gehabt, ich hätte meine Wohnung sicherlich nicht verlassen, und mit großer Wahrscheinlichkeit hätte ich erst abends in der *Tagesschau* davon gehört, dass Bastian im Schlaf Petra Kelly erschossen hatte und danach sich selbst. Aber auch das ist nur möglich, wenn überhaupt noch jemand an der Wirklichkeit teilnimmt. Wenn jeder nur vor technischen Geräten hockt, kann nicht mehr über Geschehnisse berichtet werden, weil niemand mehr etwas mitbekommt – zumindest so lange nicht, bis das gesamte Real Life mit Überwachungskameras ausgestattet ist. Fairerweise muss man allerdings sagen, dass die Leichen der Politiker auch damals mehrere Wochen unentdeckt geblieben waren. Das änderte sich erst, als die Nachbarn aufmerksam wurden und die Polizei mit einem Festnetz-Tastentelefon verständigten, weil sie bestimmt noch kein Porty besaßen – was ihnen im Zweifelsfall ohnehin nicht geholfen hätte.

Seit diesen Erlebnissen ist auf dem Sektor der mobilen Kommunikation so einiges passiert. Das C-Netz wurde durch das D-Netz ersetzt, die Handys wurden immer mehr, dafür schrumpften sie merklich, wenngleich sie am Anfang noch ausklappbar waren und erst Antennen, dann Antennenstümpfe und erst später gar keine sichtbaren Extremitäten mehr aufwiesen. Es war ein ähnlicher Evolutionsprozess wie der vom Affen-Schwanz zum menschlichen Steißbein – nur deutlich schneller.

Eine ganz große Etappe wurde mit dem »Knochen« von Nokia erreicht. Aus meiner Sicht war das der Höhepunkt der Mobiltelefonie. Ein echtes Telefon mit robusten Tasten und einem unverwüstlichen Akku. Außerdem spielte es mit dröhnender Lautstärke den »Nokia Tune«, eine Melodie, bei deren Erklingen immer mindestens fünf Umstehende in ihre Tasche griffen.*

Irgendwann aber verschwanden auch die »Knochen«. Erst konnte man sie noch bei Geheimadressen wie meinem türkischen Import-Export-Lieblingshändler in der Dortmunder Innenstadt erwerben. Er führte ebenso Weihnachtsschmuck und freie Waffen. Schließlich versiegten aber die letzten Quellen, und man musste auf kleinere Handys ausweichen. Beim letzten Gerät, das ausschließlich zum Telefonieren und SMS-Schreiben geeignet war und über einen Akku verfügte, der länger als einen Tag hielt, bin ich aus dem Wahnsinn, ständig neue Geräte haben zu wollen, ausgestiegen. Nicht ohne mir – aus der Erfahrung mit dem »Knochen« klug geworden – einen absurd großen Vorrat an Ersatzgeräten zuzulegen. Inzwi-

---

* Die Bezeichnung »Nokia Tune« ist im Übrigen eine Anmaßung, denn die Melodie basiert auf einer Komposition des spanischen Komponisten und Gitarristen Francisco Tárrega, der 1909 in Barcelona starb. Er hätte es bestimmt ganz großartig gefunden, hätte man ihm am Sterbebett verraten, dass sich hundert Jahre später niemand, aber auch wirklich niemand an eines seiner Werke erinnern wird – außer an ein elektronisch verunglimpftes Melodiefragment aus seinem »Gran Vals«, dem »Großen Walzer«.

schen bin ich beim vorletzten Teil angelangt. Ich mag gar nicht an die Zeit »danach« denken, aber wir müssen uns ja alle irgendwann mit dem Ende auseinandersetzen.

Ehrlich gesagt, bei den neuen Maschinen verstehe ich nicht einmal mehr, wie man ein Telefonat annimmt. Neulich klingelte das Handy meiner Frau, und sie bat mich, das Gespräch anzunehmen. Im Display des tastenlosen Geräts pulsierte das Bild eines grünen Telefons. Ich berührte das Signal mit einem Finger, doch nichts geschah. »Geh endlich dran«, rief meine Frau aus dem Nebenraum.

»Will ich ja«, brüllte ich zurück und fingerte weiter an dem grünen Symbol herum. »Aber wie macht man das?«

»Nicht zu fassen«, schnaubte meine Frau, als sie ins Wohnzimmer stürmte, mir das Gerät aus der Hand riss und das Symbol zur Seite wischte.

Logisch! Das Telefon zur Seite wischen – was ist das eigentlich für eine Welt? Übrigens hatte sich die Anruferin, eine Verwandte, verwählt. Beziehungsweise: Sie hatte etwas falsch gemacht und damit die Wahlwiederholung in ihrem neuen Handy ausgelöst. Das passiert in meinem Bekanntenkreis des Öfteren. Das und ein paar andere außerordentlich interessante Vorfälle. Wie etwa die neuen Rufnummern, die mir ständig per Rund-SMS mitgeteilt wurden. Doch warum änderten einige Freunde alle paar Wochen ihre Nummern? Ging es um noch günstigere Tarife? Langweilte sie die alte Nummer? Oder arbeiteten sie alle für die Mafia und mussten ständig auf der Hut sein? Man wusste es nicht, nein, ich wusste es nicht.

Weil ich mich nicht dafür interessierte. Ebenso wenig wie für die Frage, wie man sein Telefonverzeichnis ins nächste Handy exportierte, und die noch spannendere Frage, warum es trotz des todsicheren Tipps und der Unterstützung durch den bis dahin als außerordentlich kompetent eingeschätzten Fachverkäufer im Handyshop des Vertrauens nicht funktionierte. Ein Thema, über das andere stundenlang beim Kaffeetrinken diskutieren können, nicht ohne Live-Demonstrationen aller Probleme.

Am Morgen nach dem »Zwischenfall« mit dem Telefon meiner Frau kam es zu der eingangs erwähnten Frühstücksbemerkung über mein Handy, und keine Stunde später stand ich mit ihr in einem pinkfarbenen Handyladen und starrte den Verkäufer an, ein verrückter Typ, der ein ebenfalls pinkfarbenes Sakko und eine Extrem-Gelfrisur trug (nein, nicht in Pink, sondern in Blond), was nicht zu seinem geschätzten Alter von achtundfünfzig Jahren passte.

»Zeig ihm dein Handy«, flüsterte meine Frau.

Ich tat wie mir geheißen, und der Gegelte starrte angewidert auf mein Gerät. Seiner Meinung nach hatte ich vermutlich zwanzig bis dreißig Handygenerationen verpasst.

»Was ist das?«, fragte der Mann entsetzt.

»Mein Handy«, antwortete ich tonlos.

Er zuckte die Schultern und begann übergangslos irgendwelche Smartphones anzupreisen (dabei hatte ich doch schon eins, auch wenn ich es nur beruflich nutzte). Technische Details prasselten auf mich ein, die Dinger hatten Apps oder bekamen welche im Abo oder sonst irgendwas. Ich langweilte mich fürchterlich und verlor dauernd den Faden.

»Kann man damit telefonieren?«, fragte ich schließlich, als er mir mit einem weißen Gerät vor meinem Gesicht herumfuchtelte.

Er schaute mich wie einen Außerirdischen an, jedenfalls dachte ich, dass man Außerirdische so anguckt.* Schnell fasste er sich aber wieder und fragte: »Spielen Sie jetzt auf die Tonqualität an?«

Ich nickte tapfer.

»Gut, da dürfen Sie nicht zu viel erwarten«, erläuterte er gönnerhaft und zählte dann alternativ alle hervorragenden Funktionsweisen des Wunderteils auf; dabei fielen Wörter wie »Nachtsicht«, »Fernseher« oder »Life-Kamera«.

Mein Gähnen konnte ich nicht unterdrücken, und so kam der alternde Pink – nicht zu verwechseln mit Punk – zu den Tarifen. Wenn ich das Supersmartphone »kostenlos« haben wolle, so erfuhr ich, müsse ich einen Vierundzwanzig-Monatsvertrag mit einem der XXL-Spartarife unterschreiben. Ich fragte, ob ich das Smartphone auch haben könne, wenn ich bei meinem schönen alten Tarif von 1998 bliebe. Nach neuerlichem Extraterristen-Blick und verknif-

---

* Eigentlich eine knifflige Frage: Wie würden Sie einen Außerirdischen angucken? Mir selbst ist das noch nicht passiert, jedenfalls nicht bewusst, obwohl ich schon des Öfteren in Situationen war, in denen ich rückblickend nicht ganz ausschließen möchte, dass der oder die Betreffende von hinterm Mond, vermutlich aber von weiter weg kam. Aber letztlich wird sich das an der Tentakelfrage festmachen. Wenn Sie ein Außerirdischer anspricht und dieser Tentakeln hat, werden Sie mit Sicherheit extrem seltsam aus der Wäsche schauen, ohne dass Sie es vorher eingeübt hätten.

fenem Herumklicken in seinem Computer teilte mir der Kommunikationsexperte mit, dass das nicht vorgesehen sei. Schon wollte ich freudig den Laden verlassen und das Thema »neues Handy« wenigstens für einige Wochen auf Eis legen, da hellte sich die Miene des Mannes auf.

»Ich hab's«, sagte er und rieb sich die Nase, und einen Moment lang glaubte ich, einen Wikingerhelm auf seinem Blondhaar zu sehen, aber das war wohl nur eine optische Täuschung. »Sie müssen 53 Euro zuzahlen, aber ich schreibe Ihnen einen Gutschein für enttäuschte und schlecht behandelte Kunden. Dann bekommen Sie bei der nächsten Telefonrechnung eine Gutschrift über 50 Euro, und das Gerät haben Sie auf diese Weise für sagenhafte drei Euro erworben! Ist das nicht ein Deal?«

Vor Schreck stimmte ich zu, auch wenn ich das System bis heute nicht verstehe. Wieso hatte mich der Kommunikationsfreak schlecht behandelt? Egal. Das Smartphone jedenfalls habe ich meiner Frau geschenkt, ihres war ja schon uralt, also mindestens ein halbes Jahr.

Es gibt noch viele unbeantwortete Fragen rund um das Handy. Nicht solche Fragen, wie man etwa den Blitz aktiviert und welcher Speicherchip der beste ist, das könnte man in der Bedienungsanleitung nachlesen, nein, ich meine die ganz existenziellen Fragen: Warum zum Beispiel gibt es nirgendwo eine vernünftige Telefonverbindung? Warum klingt ein Telefonat innerhalb Berlins wie ein Gespräch nach Kathmandu in den fünfziger Jahren? Warum kann man mit dem Handy den MP3-Player lauter stellen, die Standheizung aktivieren und den Kühlschrankpegel überwachen, versteht aber den Gesprächspartner nicht? Ist es eine Alternative, sich eine Internetflatrate fürs Smartphone zu holen und dann damit zu skypen? Warum kann ein Handy Dinge wie Raumüberwachung, Telefonmitschnitt oder Ehefrauenortung? Warum kann es als Knopflochkamera oder wie ein Babyphone eingesetzt werden, und wieso diskutieren Politiker eigentlich immer noch über Datenschutz und die Gefahren des Überwachungsstaats, wenn wir zu Hause mit der nächsten Handy-Generation bereits über den perfekten Stasi-Heimbaumkasten verfügen?

Ein von Natur aus besonders misstrauischer, man könnte auch sagen: leicht neurotischer Kollege sprang neulich in einem Meeting auf und behauptete, ich würde ihn ausspionieren. Der Beweis: An meinem Smartphone hätte die ganze Zeit ein Lämpchen rot geblinkt, und das wäre ein sicheres Zeichen dafür, dass ich einen heimlichen Mitschnitt seiner Beiträge angefertigt hätte, vermutlich um ihn irgendwo anzuschwärzen. Was für ein Idiot! Denn tatsächlich signalisierte mir mein Smartphone nur, dass ich während der langweiligen Sitzung einzig neue (und sicher auch interessantere) E-Mails empfangen hatte. Oder? Oder saß da wirklich jemand am Draht? Wurde gar nicht der Kollege von mir überwacht, sondern ich von jemand anderem, der mein Smartphone fernsteuern konnte?

Doch unabhängig davon: Hat schon mal jemand darüber nachgedacht, dass all die schönen Zusatzfunktionen unserer foto- und videofähigen Smartphones, über Raumüberwachung, E-Mail, Internet, Fernsteuerung diverser Haushaltsfunktionen vom Kühlschrank bis hin zur Aktivierung der Alarmanlage, irgendwen brennend interessieren könnten? Mag sein, dass jemand ausspionieren will, was ich im Kühlschrank lagere, wo ich den ganzen Tag so entlanggehe oder -fahre, welche E-Mail-Kontakte oder Nacktbilder ich im Handyspeicher habe und welche politische Richtung ich bevorzuge. Aber warum? Anders sieht es natürlich aus, wenn jemand wissen will, wann ich die Heizung herunterregele, weil – die Kalenderfunktion im Smartphone kann das sicherlich bestätigen – ich da im Urlaub bin. Heißa! Einbruchszeit! Kommt her, liebe Cyber-Kriminelle, ich fahre im Oktober zwei Wochen nach Mallorca! Das könnt ihr auch in meinen E-Mails vom Reisebüro nachlesen. Genug Zeit also, seelenruhig all die schönen technischen Geräte aus meiner Wohnung zu schleppen (meine Adresse ist auf Google gespeichert!). Aber bitte: Nehmt unbedingt diesen unerträglichen Kaffeevollautomaten mit! Das lohnt sich ohnehin, weil der inzwischen meine Passwörter und PINs verwaltet. Kaffee machen ist ja dagegen nicht so sein Ding.

8 Ich glaub, mich tritt 'ne App

Tablet-PCs und Smartphones krempeln unser Leben um. Aber sind wir sicher, dass wir das auch wirklich wollen?

Gab es eigentlich ein Leben vor dem iPad? Das fragte ich mich neulich, als ich in einer Konferenz versehentlich aufblickte und in die Runde sah. Der Vortragende haspelte vorne am Beamer eine Präsentation durch, aber keiner von den übrigen einundzwanzig Teilnehmern der Runde schien zuzuhören. Alle wischten und tapsten auf ihren Tablet-PCs herum, unterbrochen nur vom gelegentlichen Summen eines auf Konferenzlautstärke gestellten Smartphones, auf dem man glücklicherweise auch herumwischen und tapsen konnte. Wischen und tapsen wird rückblickend vermutlich als Hauptbeschäftigung der Menschen angesehen, sollten sich zukünftige Historiker mit unserem heutigen Zeitabschnitt befassen. Man wird ähnlich auf diese Epoche zurückblicken, wie wir es heute mit der Steinzeit tun.

»Ist es wirklich wahr«, wird das Zukunftskind den Zukunftspapa fragen, »dass die Menschen damals flache Metalltabletts herumtrugen, auf deren Oberfläche bunte Quadrate herumhüpften?«

»Ja, mein Kind«, wird der glatzköpfige Papa, der in einer weißen Uniform steckt (so stelle ich mir die Menschen der Zukunft vor), antworten, »und es waren widerlich verschmierte und unhygienische Glasoberflächen, auf denen die Menschen mit religiöser Inbrunst herumtapsten, um anschließend mit dem Mittelfinger über diese putzigen Dinger zu wischen und dabei gurrende Freudenlaute auszustoßen.«

»Und warum taten sie das, Papa?« Das Zukunftskind schaut seinen Zukunftspapa ganz ungläubig an.

»Das … ähm … das haben die Wissenschaftler noch nicht herausgefunden, nur dass alle krank davon geworden sind«, stottert der Vater und schlägt dem Kind schnell einen kleinen Ausflug zum Mars vor, um es von dem dummen Thema abzulenken.

Mein Eindruck ist, dass Smartphone und Tablet-PC unseren Arbeits- und sonstigen Alltag vollkommen auf den Kopf gestellt haben. Und da, wo sie es noch nicht geschafft haben, werden sie es bald tun. Früher wurde in Büros gearbeitet, heute sitzen alle zittrig hinter ihren Schreibtischen, auf dem Schoß das iPad, mit dem sie ihre Einträge auf Facebook aktualisieren und auf blöde Kommentare der vermeintlichen Freunde zu ihren verwackelten Urlaubsbildern starren, mit einem Auge auf die Bürotür achtend, ob vielleicht der Chef naht. Da besteht aber kein Grund zur Sorge, denn der hockt ja selbst im Chefsessel und twittert aus allen Rohren.

Alle schleppen also ihre Smartphones und iPads mit sich

herum – natürlich nur, um für die Familie erreichbar zu sein. Aber wenn man sie schon dabeihat, kann man sich doch »schnell mal updaten«. Auf Facebook zum Beispiel. Die neuen Geräte können jedoch mehr, sie sind echte Allrounder. Die Software-Programme, die auf diesen verschmutzten Oberflächen aufgerufen werden können, das ist schon revolutionär. Wirklich.

Und jetzt ist Nachdenken angesagt: Eigentlich, davon war man ausgegangen, wird sich keiner über das Thema Software unterhalten, zumindest keine normalen Menschen. Das hatten die bislang noch nie gemacht! So etwas war bislang ungewaschenen Computernerds vorbehalten, die in schlecht ausgeleuchteten Ecken von IT-Abteilungen oder in abgedunkelten und schrecklich unaufgeräumten Sozialwohnungen hockten und im funzeligen Licht einer nackten Glühbirne auf ihre Computer starrten. Sicher, es gab einige darunter, die saubere, orangefarbene Hemden trugen. Aber was ist geschehen, dass mit einem Mal völlig durchschnittliche Menschen – Sekretärinnen, Hausmeister, Abteilungsleiterinnen, Kindergärtner, Schulpsychologen, ja, sogar Hausfrauen – sich über die Vor- und Nachteile dieser oder jener Software austauschen? Dieses kleine Wunder verdanken wir den Marketingstrategen einer Firma aus Cupertino in Kalifornien. Falls Sie auf der Leitung stehen: Es handelt sich hierbei um ein Softwareunternehmen, das angebissenes Fallobst als Logo verwendet. In diesem Konzern kam man auf den Gedanken, nicht mehr von »Software« zu sprechen, was an Achselschweiß und dicke Hornbrillen denken ließ, sondern die Anwendungsprogramme einfach mal »Apps« zu nennen. Das klang hipp, und damit war Software plötzlich so sexy wie neue Schuhe oder Karten für den FC Bayern gegen Borussia Dortmund. Einfach und genial, diese Idee. Und nun haben wir den Salat.

»Schon gesehen?«, fragte mich ein Arbeitskollege im Konferenzraum.

»Nein«, antwortete ich, ohne von meinem Tablet-PC aufzublicken.

Es war eine Arbeitspause eingelegt worden, und man unterhielt sich über die Neuigkeiten an der Applikationsfront.

Ich will Sie jetzt nicht mit Details langweilen. Es existieren bislang 350 000 Apps – die Zahl wächst täglich –, und beim besten Willen kann ich sie nicht alle aufzählen, nicht einmal eine sinnvolle Auswahl geben. Um ihren rasanten Anstieg zu begreifen, machen Sie Folgendes: Schauen Sie bitte in dieses Buch, gleich zu Anfang, und nehmen Sie die Zahl, die angibt, welche Auflage Sie gerade lesen; dann multiplizieren Sie diese mit 350 000. Was dabei als Ergebnis herauskommt, stimmt so ungefähr, wenn man sich eine Vorstellung von der Ausbreitung der Apps ein Bild machen will.

So viel lässt sich aber schon jetzt feststellen: Apps erleichtern das Leben. Neulich musste ich gemeinsam mit einem Kollegen etwas aus dem Archiv im Keller holen. Im Fahrstuhl stellte ich mit Befremden fest, dass er sein iPad unterm Arm hatte, wollte er doch darauf keine Minute verzichten (so weit geht es bei mir noch nicht). Doch kaum waren wir in dem fensterlosen Raum angekommen, fiel das Licht aus. Während ich noch unsicher im Dunkeln herumtastete, sagte der Kollege: »Siehst du, gut, dass ich das iPad dabeihabe. Ich aktiviere einfach die Taschenlampen-App!« Doch was geschah: Ein paarmal flackerte es auf, danach war es genauso finster wie vorher. Den Kollegen, den ich erneut nicht sah, hörte ich nur ständig fluchen. Schließlich wurde es mir zu dumm. Ich verließ den Raum, fuhr zurück in mein Büro und holte die Taschenlampe, die mir neulich ein Vertreter geschenkt hatte. Als ich wieder ins Archiv zurückkehrte, war immer noch alles stockdunkel. Der Kollege hockte, über das iPad gebeugt, auf einer Kiste. »Das muss ich aktualisieren«, erklärte er entschuldigend, »und hier unten ist so schlechter Empfang.« Ich leuchtete ihm mit meiner Taschenlampe in sein Gesicht, aber er fand das nicht so richtig lustig.

Fanatische Anhänger der neuen Flach-PCs werden mir vorwerfen, ich sei ein Fortschrittsgegner und habe auf Krampf einen Vorfall herausgesucht, nur um zu beweisen, wie unsinnig iPads sind – und natürlich haben sie recht. IPads und ihre kleinen Schwestern, die iPhones, verbessern den Alltag. Wie könnte man heutzutage eine Überlandfahrt ohne Blitzer-App überstehen? Gerade in strukturschwachen Gebieten haben die überschuldeten Gemeinden und Landkreise ihre letzte Chance entdeckt, doch noch an Geld zu kommen, und alles mit immer heimtückischeren Geschwindigkeitsüberwachungsanlagen zugepflastert. Auf den Abschnitten dazwischen ist die Polizei mit mobilen Radaranlagen unterwegs. Kürzlich, auf dem Weg zwischen Berlin und der polnischen Grenze, bin ich sage und schreibe achtmal an diesen Wegelagerern vorbeigefahren. Und da kommt die App ins Spiel, die Blitzer-App. Sie quietscht und schrillt, wenn man sich so einer Stelle nähert. Die fest installierten Anlagen erkennt sie ohnehin sofort, bei den mobilen bedient sie sich offenbar derselben Quelle wie die »Flitzer-Blitzer«-Dienste der Hörfunksender, also dem Denunziantenheer aus Tausenden von freiwilligen Stau- und Blitzermeldern.

Wie dem auch sei: Ich meine mich zu erinnern, dass es schon vor dem iPad Radarwarner gab, die aber technisch und nicht elektronisch aufspürten, ob da etwas im Straßengraben lauerte. Diese Entdecker-Geräte, die den Eigentümern von Mercedes-S-Klassen und 7er-BMWs vorbehalten waren, sind überdies noch immer strengstens verboten, zumindest ihr Betrieb. Sich eins zu kaufen oder damit zu handeln ist seltsamerweise erlaubt, zumindest in Deutschland.

Egal. Ein Blitzer-App ist mithin ein guter Beweis für die Alltagstauglichkeit des Pads. Allerdings ist es wie bei Atomwaffen: Der Feind schläft nicht, und demnächst wird auch er Apps haben. Etwa eine Blitz-App. Damit können die Beamten direkt aus dem iPad blitzen (falls es nicht wie bei der Taschenlampe gerade aktualisiert). Da kommt die Blitzer-App natürlich nicht mehr mit. Bis die User die

Blitzerstelle gemeldet haben und die Software das verarbeiten konnte, stehen die Polizisten längst woanders und halten ihren Tablet-PC einfach aus dem Fenster eines Fischtransporters – oder was die zur Tarnung immer so an Fahrzeugen verwenden. Falls das nicht hilft, haben Beamte des Bundessoftwareentwicklungsamts noch eine Falscher-Alarm-App in der Hinterhand parat. Ohnehin wäre sie schon längst im Einsatz, aber dienstrechtliche Fragestellungen und Zuständigkeitsprobleme zwischen den sechzehn Landespolizeibehörden, dem Bundeskriminalamt und dem Verfassungsschutz haben – Gott sei's gedankt – die Fertigstellung bislang behindert. Werden die Kompetenzstreitigkeiten jedoch überwunden, muss sich die Blitzer-App warm anziehen. Die neue Bundessoftware wird dann im Nanosekundentakt Blitzer-Warnungen ausgeben mit dem Ergebnis, dass entweder das iPad überlastungsbedingt aussteigt, sobald man die Blitzer-App aktiviert. Oder man wird angesichts von 2987 Warnungen pro Minute vollkommen die Übersicht verlieren und letztes Endes doch geblitzt werden. Oder – aber jetzt wollen wir den Teufel nicht an die Wand malen – man wird künftig streng vorschriftsmäßig fahren.

So ein iPad ist wahrlich eine schöne Sache. Viele Dinge muss man nämlich künftig gar nicht mehr selbst machen. Zum Beispiel lästige E-Mails schreiben oder die Ehefrau anrufen und ihr sagen, dass man später kommt, weil im Büro noch etwas auf Facebook zu erledigen ist. Nein, das erledigt alles eine App. Sie denkt sich sogar eigenmächtig

Erklärungen und Entschuldigungen aus. Auch kontaktiert sie jene Anlaufstellen, die im Leben so viel Mühsal bedeuten können: Warum eine Rechnung nicht bezahlt wurde, warum Zalando die falschen Schuhe geschickt hat, warum man auf dem Foto nicht die Person ist, für die man ausgegeben wurde, und so weiter und so weiter. Dennoch empfiehlt es sich, zumindest stichprobenartig zu überprüfen, was das iPad so treibt. Nicht dass Sie Berge von unnützen Bestellungen wieder zurücksenden müssen (andererseits kann Ihnen das ja auch mit Ihrem Kühlschrank passieren). Aber wirklich ernsthafte Gedanken müssen Sie sich darum nicht machen, denn das iPad kann ja ebenso die Rücksendungen übernehmen.

Schwerer wiegt ein anderes Problem: Ihnen ist hoffentlich bewusst, dass die tollen Superfirmen wie Amazon, Facebook, eBay, Apple, Google, Microsoft und wie die alle heißen, Tag und Nacht Ihre persönlichen Daten aufzeichnen, abspeichern und daraus Profile entwickeln, um Ihnen noch mehr sinnlosen Plunder verkaufen zu können. Natürlich bestreiten die Unternehmen das, und es steht Ihnen frei, ihren Erklärungen zu glauben. Aber nehmen wir dennoch mal an, die sogenannten Datenschützer hätten recht und Ihre persönlichen Daten werden tatsächlich gesammelt und missbraucht. Wenn jetzt aber Ihr iPad mehr und mehr persönliche Aufgaben übernimmt, vielleicht sogar in Ihrem Namen verwackelte Urlaubsbilder auf Facebook postet und niedliche Kommentare dazu schreibt, wird dies auch Ihr Profil beeinflussen. Sie werden möglicherweise und ohne dass Sie es wollen, zu einer anderen digitalen Person und bekommen in der Folge die falschen Werbeangebote. Gut, das kann man vielleicht noch verkraften. Aber was, wenn Aktionen Ihres Tablet-PCs auf einmal Ihre Kreditwürdigkeit infrage stellen? Oder wenn Sie plötzlich nicht mehr in die USA reisen dürfen, weil irgendeine App auf die Idee verfallen ist, allen Leuten auf Ihren verwackelten Urlaubsbildern einen schwarzen Kopfschleier zu malen. Und was sagen Sie einem Personalchef, der Sie beim Bewerbungsgespräch mit »Petri Heil!« empfängt, weil er Sie aufgrund irgendwelcher falscher Hinweise für einen Angelfreund hält – dabei können Sie einen Dorsch wahrlich nicht von einem Aal unterscheiden.* Und geben Sie dann die falsche Antwort, erhalten Sie möglicherweise den Job nicht. Dann heißt es nur noch: Danke, iPad!

Wussten Sie übrigens, dass die meisten Europäer lieber ihren Ehering als ihr Smartphone verlieren würden? Also, sie würden natürlich gern beides behalten, aber wenn sie schon eins abgeben müssten, dann lieber den Ring. Dazu passt auch eine neuartige Krankheit, die Mediziner immer häufiger diagnostizieren: Nomophobie. Nomophobie (No-Mobile-Phone) ist die Angst, keinen Mobilfunkempfang zu haben. Acht von zehn jungen Briten sollen angeblich schon daran leiden, und es gibt noch keine Ta-

* Wie Sie an diesem Beispiel unschwer erkennen können, bin ich auch nicht gerade ein Fischfangexperte.

bletten dagegen.* Wo wir gerade bei Krankheiten sind: Eine Ersthelferin sagte neulich in einem Radiointerview, sie sei so glücklich, dass man jetzt via Smartphone viele nützliche Tipps zur Ersten Hilfe erhalten könne, entweder über Gesundheitsseiten oder mit einer App. Endlich! Denn nichts sei schlimmer, als hilflos neben dem Kranken oder Verunfallten zu stehen und nicht helfen zu können. »Um Gottes willen«, möchte ich da der Dame zurufen. »Es gibt Schlimmeres!« Nämlich ahnungslose Dilettanten, die aufgrund ihres soeben erworbenen »Wissens« an einem Unfallopfer herummurksen und nicht auf den Fachmann oder die Fachfrau warten. Vielleicht sollte ich mir ein Schild basteln, auf dem steht: »Lieber Ersthelfer, mir geht es gerade schlecht. Bitte rufen Sie einen Arzt – aber lassen Sie bitte Ihr Smartphone aus und tun Sie einfach *nichts!*«

Man will sich das alles gar nicht genauer ausmalen. Da liegt ein Mensch in einer Blutlache, der Arm ist halb ab, ein zentimeterdicker Nagel ragt aus seiner Stirn und drum herum stehen irgendwelche Typen, die auf ihren Smartphones herumwischen, vielleicht sogar noch mit Blut an den Fingern.

»Wir sollten den Puls messen, mein iPad kann das«, schreit da plötzlich einer.

»Können wir eine Vergiftung ausschließen?«, will eine

---

* Nomophobie sollte nicht mit Vibranxiety verwechselt werden. Bei dieser heimtückischen Seuche gehen die Erkrankten an ihr Handy, obwohl es gar nicht geklingelt hat.

Frau wissen. »Ich nehme mal eine Speichelprobe mit meinem Handy.«

»Ich mache ein Foto und schicke das per SMS an die Universitätsklinik in St. Paul, Minnesota, die sind auf so etwas spezialisiert.«

»Sie wissen doch gar nicht, auf was überhaupt«, kreischt die Frau zurück und zieht an dem Arm des Verwundeten, was der Extremität endgültig den Rest gibt. »Hier steht, man muss abgerissene Extremitäten mit Eisbeuteln kühlen. Hat mal jemand einen zur Hand?«

Die Umstehenden verneinen das, ein Mann bietet lediglich seine Alaska-App an, aber die kühlt irgendwie nicht richtig.

Inzwischen hat sich der Besitzer des App-Pulsmessers nach vorne gedrängelt und drückt sein Tablet auf den Unterarm des Bewusstlosen. »Kein Puls«, brüllt er, bevor ihn einer der Umstehenden darauf aufmerksam macht, dass er an dem abgerissenen Arm misst. Ungläubig schaut der Mann auf den Arm, dann presst er sich das Gerät selbst an die Pulsadern. »Kein Puls«, murmelt er benommen und setzt sich auf den Boden. Die Software ist irgendwie noch »beta«, da sollte er dringend eine Statusmeldung in der zuständigen Community machen, die sich fachkundig mit Pulsmesssoftware beschäftigt. Derweil haben die Umstehenden, die bislang nicht durch Wortmeldungen auffielen, alles durchgetwittert. Einer von ihnen war immerhin so umsichtig gewesen, auf Facebook einen Notarzt zu verständigen. Der hat blöderweise jedoch nur »gefällt mir«

angeklickt und eine Fotoserie vergleichbarer Fälle gepostet. Das Real Life hat so seine Tücken.

Das bekommen – kleiner Gedankensprung – auch Hobbyköche zu spüren. Es ist ja durchaus anspruchsvoll, ein Gericht wie etwa eine Tomatensuppe zuzubereiten. Glücklicherweise hat der englische Starkoch Jamie Oliver eine Koch-App herausgebracht, mit der wir die Zubereitung von Mahlzeiten künftig beruhigt angehen können. Ein paar Gerichte sind drin gespeichert, die restlichen kann man als Einzel-App nachkaufen. Die Koch-App erklärt jeden Handgriff, was sehr gut ist, denn jetzt wissen wir, dass man für eine Suppe wie die Tomatensuppe zum Beispiel einen Topf braucht. Sicher haben Sie vorher die ganze Pampe einfach auf die Kochplatte geschüttet. Die App stellt auch einen virtuellen Einkaufszettel zusammen: Tomaten, Pfeffer, Salz etc. Mal ehrlich: Da wäre man von selbst doch nie drauf gekommen, oder? Was, zum Teufel, tut man in eine Tomatensuppe? Gurken? Radieschen? Bananen? Oder doch Tomaten? Ohne Smartphone wären wir da aufgeschmissen. Und für alle, die inzwischen ein bisschen Schwierigkeiten haben, selbst einfach abgefasste Texte zu lesen und vor allem zu verstehen, werden sämtliche Kochschritte in Bildern gezeigt. Ja, insofern müsste selbst ein Kulturpessimist, wie ich es einer bin, endlich mal einsehen, welch unbeschreiblichen Nutzen Smartphones und die zugehörige Software entfalten können. Obwohl mir, ehrlich gesagt, ein anderer Gedanke durch den Kopf geht: Zu blöd, zwei Eier in die Pfanne zu kloppen, aber mit Apps herumhantieren …

Es ist bei den Apps wie bei den Navigationssystemen. Bei Letzterem hatte man einst zumindest eine grobe Ahnung von geografischen Gegebenheiten. Die Berge? Hm, irgendwo im Süden. Meer? Mehr so im Norden. Inzwischen folgen die meisten nur noch blind den Anweisungen ihres Systems und nehmen es sogar hin, in einem Straßengraben zu verenden, wenn es vom Navi so gewollt wird. Daher nehme ich an, dass es spätestens in ein paar Jahren ganze Software-Cluster, also App-Haufen geben wird, die einen sicher durch den Tag bringen werden. Das Dasein wird ja kaum einfacher.

Stelle ich mir also einen solchen x-beliebigen Tag im Jahr – da will ich mich jetzt besser nicht festlegen – vor, dann könnte er so aussehen: Es ist sieben Uhr, mein Tablet-PC klingelt beziehungsweise spielt einen meiner Lieblingssongs, den er sich aus meinen Social-Media-Profilen herausgesucht hat. Ich bin völlig übermüdet, weil mich das Miststück heute Nacht fünf Mal geweckt hat, unter anderem weil ich schnarchte (2.45 Uhr) und mein Atemrhythmus nicht ideal war (3.56 Uhr). Während ich mit rot geränderten Augen in die Spiegel-App* schaue, rasselt die Morningshow-App unablässig alle für mich lebenswichti-

* Gemeint ist hier nicht das Online-Angebot eines Hamburger Nachrichtenmagazins, sondern eine Applikation, die die Oberfläche des Tablet-PCs oder Smartphones verspiegelt, falls man zum Beispiel gerade keinen Schminkspiegel zur Hand hat, oder weil … Aber es ist völlig kontraproduktiv, über den tieferen Sinn und Zweck von Apps nachzudenken. In einer späteren Version »optimiert« die Software übrigens auf Wunsch das dumme Gesicht, das einen da morgens anstarrt.

gen Daten herunter: Börsenkurse, Wetteraussichten, Feinstaubwerte, radioaktive Hintergrundstrahlung, Ozon- und Pollenbelastung. Sie liest mir die ersten E-Mails aus dem Büro vor oder die der Kollegen, die gerade aus dem Bett gekrochen sind. Ich habe die Möglichkeit, per Spracheingabe zu antworten oder auch eigene E-Mails zu versenden. Das kann ich aber gleich noch unter der Dusche tun, denke ich und schalte auf »Traumdeutung« um. Das kann die neue Traum-App ganz gut, denn sie hat die Nacht über meine Träume gesteuert. Das Programm ist noch nicht ganz ausgereift, man bemerkt den werblichen Charakter der Sache doch ein bisschen zu sehr. Oder warum habe ich von einem Rasenmäher geträumt? Das Programm jedenfalls behauptet nun hartnäckig, ich müsse meinen Wünschen »mal nachgeben«.

Danach stelle ich mich auf mein iPad, was die App-Waage auslöst. »Sechsundneunzig Kilogramm«, sagt das Gerät tonlos und beginnt, meinen Body-Mass-Index und die Knochen-und Fettzusammensetzung zu analysieren, was mir extrem schlechte Laune bereitet. Das Wiege-Programm funktioniert übrigens nur bis 120 Kilo, danach macht's »knack« – und Sie können sich nach einem neuen iPad und vielleicht auch nach einem Personal Trainer umsehen.

Nach dem Wiegen und Messen hebe ich das Gerät wieder auf und gebe beiläufig die von mir gewünschten Temperaturwerte für die Dusche ein. Das Pad erinnert mich, dass ich neues Duschgel benötige, und öffnet auch sofort den Warenkorb eines entsprechenden Online-Anbieters.

Unter der Dusche, mit dem schnöden Rest meines Duschgels eingeschmiert, gebe ich erste E-Mails durch. Es ist schon 7.16 Uhr, man wird in der Abteilung die Nase über mich rümpfen: »Was tut der eigentlich die ganze Nacht? Schlafen, oder was? Na ja, manche haben's halt nicht nötig …« Inzwischen hat die Frühstücks-App eine physiologisch perfekte Mahlzeit errechnet und einen Platz in einem Café zwei Straßen weiter reserviert, weil eine Rücksprache mit der Kühlschrank-App ergab, dass die notwendigen Zutaten augenblicklich nur zu sieben Prozent vorhanden sind. Apropos Kühlschrank-App! Das ist eine sehr überzeugende Entwicklung. Sie kann nämlich, neben dem geschilderten Vorzug, feststellen, ob das Licht im Kühlschrank nach Schließen der Tür wirklich aus ist. Aber sagt sie die Wahrheit? Es bleibt eine Restunsicherheit. Die Kleiderschrank-App rundet alles ab, sie ist nörgelig, weil sich aus meinen Sachen einfach keine passende Kombination erstellen lässt.

Die ganzen Apps, die ich im Büro für meine Arbeit auf Facebook benötige, lasse ich der Einfachheit halber weg. Interessant ist vielleicht noch die App, die in der Mittagspause alle Vorbeikommenden mit »Mahlzeit!« anspricht, dann muss ich das nicht mehr selber tun und kann mich mehr auf Facebook und das Beantworten von E-Mails konzentrieren. Das mit den E-Mails ist ja heimtückisch geworden. Da erhalte ich manchmal Nachrichten, die so lauten: »Lieber Kollege, in den Anhängen ist der gesamte Vorgang dokumentiert. Wenn du einverstanden bist, geht das die nächsten zwei Minuten an den Chef raus. LG Manfred.« Die Anhänge entpuppen sich als siebzehn Dateien mit jeweils Dutzenden von Seiten. In einer dieser Dateien, genauer gesagt in Dokument dreizehn, Seite 25 unten, ist eine Stinkbombe versteckt, für die ich mich später beim Chef verantworten darf (Manfred hatte es mir ja mitgeteilt). Die entsprechende Gegen-App gibt es leider nicht. Noch nicht.

Gegen Schichtende beginnt die Verkehrs-App zu scannen, wo ich vielleicht entlangfahren könnte, um unterwegs in keinem Stau oder in einem nicht zu langen Stau zu stehen. Das Smartphone verbündet sich später mit dem Bordcomputer – und die beiden werden die Sache gewiss schaukeln. Smarty macht mich unterwegs auf das eine oder andere Sonderangebot aufmerksam – beim Gartenbaudiscounter gibt es diese Woche preisgünstige Rasenmäher! –, und mit Blick auf den immer noch unterirdischen Kühlschrankinhalt hat er gleich mal eine Pizza nach Hause bestellt. Der Fahrer steht bei meinem Eintreffen vor der Tür, seine Überwachungs-App hat ihm mitgeteilt, wann ich dort eintreffen werde. Beim Durchkauen des Pizzateigs checke ich erneut E-Mails, derweil macht der Tablet-PC Vorschläge für die Abendgestaltung. Nachdem ich alle Kinofilme, Fernsehsendungen, Pay-TV-Chanels und Online-Spiele abgelehnt habe, wird die Freizeit-App bockig und bucht nach Einsichtnahme in den elektronischen Kalender meiner Partnerin (viertägige Dienstreise nach Ungarn) eigenmächtig ein Date bei einem der Seitensprung-Portale, nicht ohne mir Hinweise zur Körperhygiene und Empfängnisverhütung mit auf den Weg zu geben.

Plötzlich klingelt es an der Tür. Was soll das jetzt?, denke ich, da schrillt auch schon die Wachtturm-App los. Vorsichtig luge ich durch den Türspion. Zwei ältere Herren mit Bibel und der Zeitschrift *Erwachet!* stehen im Flur. Da habe ich aber noch mal Glück gehabt.* Bis die wieder von dannen ziehen, spiele ich mit diversen Game-Apps herum und ballere auf Raumschiffe, Moorhühner und Weltraumkraken. Darüber vergesse ich das Date. Es ist an der Zeit, ins Bett zu gehen, jedenfalls ist die Biorhythmus-App seit einer geraumen Weile äußerst nervös. Auf dem iPad schaue ich mir noch die Dr.-Best-App mit der Anleitung zum Zähneputzen an; kreisende Bewegungen werden empfohlen. Danach schließe ich die Dioden für die Traumbeeinflussung an und lege mich hin. Mal sehen, vielleicht träume ich ja heute Nacht von Hackfleisch gemischt zum Aktionspreis …

---

* In der aufgerüsteten Version der Wachtturm-App wird man praktischerweise auch vor Straßenkreuzungen gewarnt, an denen sich mobile Fensterputzer herumtreiben. Außerdem kann man die Software so einstellen, dass Fußgängerzonen mit südamerikanischen Panflötenensembles gemieden werden können.

9 Ich will doch nur kopieren

Mit immer seltsameren Servicedienstleistungen kämpft die Kopierautomatenbranche um Marktanteile – mitten in Ihrem Büro!

Kennen Sie das? Sie kommen montagmorgens ins Büro und um Sie herum herrscht große Betroffenheit und allgemeine Bestürzung. Überall stehen Kollegen ratlos herum und starren mit leeren Augen an die Wände. Im Hintergrund hört man leises Schluchzen. Jetzt befürchten Sie Schlimmstes, vor allem wenn Ihr Büro Teil eines von Schließung bedrohten Konzerns ist. Doch dann stellt sich heraus, dass sich die Aufregung lediglich um den Kopierer dreht.

»Papierstau«, flüstert eine Kollegin, und man kann förmlich sehen, wie es ihr gerade kalt den Rücken hinunterläuft. Ein älterer Mitarbeiter erzählt vom letzten Mal, als das große Multifunktionsgerät diese Meldung auswarf, seine Schilderungen klingen ein bisschen nach damals im Krieg. Erfahrene Bürohasen wissen: Im Fall einer solchen Meldung ist Hopfen und Malz verloren. Nur bei den Kopierern der ersten Generationen war da manchmal noch etwas zu machen. Staute das Papier, war das Gerät in der Regel so nett, eine Lagebeschreibung des missratenen Blattes und eine Zahl zu melden. Das löste dann meist ein größeres Gemeinschaftserlebnis aus. Menschen zerrten da schimpfend und keuchend an Hebeln oder Fächern, auf denen jene Zahlen vermerkt waren, die man im Display ablesen konnte. Manchmal musste man dabei sogar richtig hineinklettern in die grauen Kästen. Aber immerhin: In einigen Fällen hatte man Erfolg.

Mit der aufkommenden Digitalisierung wurden solche Aktionen jedoch immer sinnloser. Es ist ein bisschen so wie bei den Autoscheinwerfern: Da kann man nicht mehr einfach eine Glühlampe auswechseln. Es wird eben alles besser, sagen die Hersteller. Es ist zum Kotzen, sagen Menschen mit gesundem Menschenverstand.

Hand in Hand mit der Digitalisierung erfolgt aber auch die Integration. Davon spricht man nicht nur, wenn der Islam, ob er nun will oder nicht, plötzlich zu Deutschland gehört, ohne dass ihn einer gefragt hat, sondern wenn dem eigentlichen Sinn und Zweck eines technischen Geräts weitere, völlig artfremde Zusatzfunktionen übergestülpt werden. Denkbar ist noch ein anderer Fall: Wenn aus zwei unabhängig voneinander funktionierenden Geräten ein einziges gemacht wird, das dann nicht mehr oder nur noch schlecht läuft oder aber so kompliziert ist, dass man es nicht mehr versteht. Die Fachleute nennen das »Konvergenz«.

Fragen Sie sich doch mal: Hätten unsere Ururahnen so etwas getan? Also zum Beispiel die Konvergenz von Speer und Keule genutzt? Nein, das hätten sie nicht gemacht, weil sie klug waren, auch wenn sie nicht so aussahen und vielleicht komisch sprachen – wenn überhaupt. Der Steinzeitmensch wusste, dass man mit einem Speer dem Nachbarn, der einem an die Höhle will, nicht den Schädel einschlagen kann. Und wenn man den Speer so verstärkte, dass es vielleicht doch möglich war, hatte der Nachbar mit seiner Keule längst zugeschlagen. Es konnte danach auch passieren, dass man anschließend das Mammut nicht mehr traf, weil der Speer zu schwer geworden war und nur noch traurig in der Luft herumeierte, während das Vieh seelenruhig davonspazierte. Nein, der Steinzeitmensch ließ die Finger von solchen Konvergenzen.

Nicht so der moderne Mensch. Der glaubt mit fast religiöser Überzeugung an ein Fotohandy. Oder an ein iPad, mit dem man auch telefonieren kann. Wir leben im Zeitalter der Degeneration, weil wir einfachste Widersprüche nicht mehr erkennen!

Der Kopierer durchlebte auch so eine traurige Metamorphose. Erst gab es den wirklichen, den echten Kopierer, der einzig das tat, was sein Name versprach, nämlich kopieren. Dann kamen Faxgeräte, da fing es mit der Konvergenz an. Man konnte damit Faxe abschicken, und eben auch kopieren. Aber es waren schlechte Kopien auf Thermopapier, die nach wenigen Tagen verblassten und gelb und unleserlich wurden. Aus diesem Grund kopierte niemand mit ihnen, außer im Notfall. Später wurden der Scanner, das Internet und die Piratenpartei erfunden. Letztere ist die einzige Komponente, die nicht in moderne Multifunktionsgeräte integriert wurde, obwohl ich an manchen Tagen eine gegenteilige Vermutung habe.

Doch zurück zum modernen Kopiergerät. Es zeichnet sich – ebenso wie das moderne Auto – durch immer filigraneres Design aus. Was beim Fahrzeug wenig Probleme aufwirft, führt beim Kopierer zu einer Unzugänglichkeit jener Schächte, in denen sich Papier gern staut. Doch selbst wenn man weiterhin an die Ursache des Staus drankäme, so würde das nichts bringen, denn die Feinmechanik ist derart empfindlich geworden, dass ohnehin nur ein Fachmann, der den Umgang mit Molekularwasserwaagen und Mikroschraubenziehern beherrscht, Abhilfe schaffen kann. Solche Leute sind nicht nur teuer, sondern auch selten, vor allem seit der Fachkräftemangel immer mehr um sich greift. Es kann dauern, bis einer auftaucht. Bis dahin steht der Bürobetrieb tagelang still.

Früher war bei einem Papierstau nichts weiter als ein Kopierer lahmgelegt. Das war schlimm, aber nicht überaus schlimm, denn man konnte ja im Nachbarbüro oder notfalls mit dem Faxgerät kopieren. Oder das Kopieren verschieben. Oder den Text abschreiben. Integration und Konvergenz machen aus der Störung heute leider einen allgemeinen Arbeits-GAU. Man kann nicht mehr faxen, mailen, scannen und demnächst auch nicht mehr Radio hören oder den Mittagssnack erhitzen, jedenfalls dann nicht, wenn das Gerät auch als Digital-Audio-Center und als Mikrowelle eingesetzt wird.

Deutsche Firmen, die solche Geräte herstellen, an ahnungslose Kunden verkaufen und diese über mehrjährige Wartungs- und Serviceverträge betreuen – also an sich binden* – stehen dabei vor einem Dilemma. Die Herstellung von technischen Wunderwerken wie Tablet-PCs und anderen Multifunktionsgeräten wird dank der Fingerfertigkeit asiatischer Kinder** immer günstiger. Um aber zu vermeiden, dass Kunden am Ende auf die Idee kommen, sich die Geräte direkt in einem chinesischen Kinderarbeitslager zu bestellen, müssen sie irgendeinen und sei es noch so aberwitzigen Service anbieten, um einen Preis zu rechtfertigen, der zum Überleben befähigt. Es geht schließlich um Arbeitsplätze, und davon ist auch die moderne Kopiergerätebranche betroffen. So werden alle Beteiligten zu Getriebenen der Entwicklung. Die Geräteanbieter müssen sich ständig neue Serviceleistungen ausdenken – und ihre Kunden müssen sie ertragen. Man könnte jetzt sagen, dafür hätten wenigstens die chinesischen Kinder ein Dach über dem Kopf – aber nicht mal das stimmt in allen Fällen.

Ein solcher aufkommender Service zeigt sich gerade in einer ausgetüftelten Überwachungssoftware. Laut Herstellerangaben soll sie nicht das Büropersonal überwachen

* Warum nur fallen mir, während ich diese Zeilen schreibe, lauter italienische Filme wie *Der Pate* ein?

** Die Kinderarbeit ist ein mieser Running-Gag, den ich hier verwende. Natürlich existieren auch jede Menge asiatischer Fabriken, in denen volljährige Frauen oder Männer unter erbärmlichsten Arbeitsbedingungen übelst ausgebeutet werden.

(das hat längst eine andere Software übernommen), nein, sie überwacht das Gerät und meldet an eine Störungszentrale, ähnlich einer Rettungsleitstelle, was in dem Kopiergerät gerade so abgeht. Im besten Fall, so die Werbestrategie der Hersteller, hat die Sekretärin noch gar nicht bemerkt, dass es einen Papierstau gibt – und schon steht der Servicetechniker vor ihrem Schreibtisch. Ein anderer Fall: Der Toner geht zur Neige. Das Gerät merkt das sofort und bestellt automatisch neuen. NetCopy soll der Prototyp heißen … Moment mal, das klingt ja ganz ähnlich wie NetFrosty. Nein! Kaufen Sie das bitte nicht!*

In einer künftigen Version soll die Software bemerken, wenn ein Papierstau in der Zukunft droht. Die Hersteller wollen sich noch nicht festlegen, welche Zeiträume sie da im Auge haben: Stunden, Tage, Monate … Die Büroszenen, die wir dann erleben werden, können wir uns aber schon heute ausmalen:

Ein durchschnittliches Büro in einem durchschnittlichen süddeutschen Unternehmen in einer durchschnittlichen süddeutschen Stadt. Zwei Sekretärinnen tippen still vor sich hin. Da fliegt die Tür auf, ein Mann in einer orangegrünen Uniform betritt das Büro.

---

* Abgesehen von meinen in diesem Buch niedergelegten Visionen des milchbestellenden Kühlschranks spricht auch ein weiterer praktischer Grund gegen den Kauf. Nach Murphys Gesetz passieren über kurz oder lang alle Missgeschicke, die denkbar sind. Und nun stellen Sie sich vor, die beiden Brüder vertauschen ihre Bestellungen …

Servicemann: Guten Tag, ich komme von der Firma Optiscan.

Sekretärin: Wir kaufen nichts.

Servicemann: Müssen Sie auch nicht, Sie haben bereits.

Sekretärin: Was?

Servicemann: Es geht um Ihr Multifunktionsgerät da drüben. Ich will mir das mal anschauen.

Sekretärin: Wir haben nichts reklamiert. Es ist alles in Ordnung mit dem Gerät, gell, Susi? *(Sie wendet sich demonstrativ an ihre rotblonde Kollegin.)*

Susi: (Nickt)

Ich habe noch vor fünf Minuten 150 Seiten Jahresabschluss gescannt und an die Firma Wadenmüller gemailt.

Sekretärin: (Wendet sich wieder dem Servicemann zu) Sehen Sie, das Gerät funktioniert!

Servicemann: (Lacht überheblich) Ja, sicherlich funktioniert das Gerät. *Noch* funktioniert es!

Sekretärin: Was wollen Sie denn damit andeuten?

Servicemann: (Beschwichtigend) Gar nichts, junge Dame. Es geht um unsere neue Qualitätssicherungssoftware ScanScan 1.0 …

Sekretärin: Brauchen wir nicht!

Servicemann: Haben Sie aber schon. Wurde dem Gerät heute Nacht per Fernaktualisierung aufgespielt. Und diese kleine Software hat herausgefunden, dass sich demnächst in Ihrem Multifunktionsscanner ein papierstauartiger Vorfall abspielen wird!

Susi: Oh mein Gott!

Sekretärin: Hören Sie auf, die Arme zu verängstigen!

Servicemann: Aber darum geht es ja gerade. Nie wieder Angst vor dem gefürchteten Papierstau. Die Software erkennt bereits das Frühstadium und alarmiert sofort den Außendienst. Heute Nacht installiert und heute früh schon im Einsatz, bevor der Papierstau überhaupt loslegen kann. Was sagen Sie?

Sekretärin: Hm. Und was werden Sie jetzt tun?

Servicemann: (Holt aus seinem überdimensionalen Werkzeugkoffer einen Klappstuhl, den er vor dem Gerät postiert) Nichts. Ich warte und passe auf, was geschieht. Können Sie mir einen Kaffee bringen?

Sekretärin: (Schaut fassungslos zu dem Mann)

Zeitsprung. Immer noch dasselbe Büro, aber drei Tage später. Der Servicemann sitzt zusammengesunken auf dem Klappstuhl und schnarcht. Sein Gesicht ist mit dunklen Bartstoppeln übersät. Die rotblonde Susi tippt ihn vorsichtig an, woraufhin der Mann in die Höhe schießt.

Servicemann: Ahhrrr, wo ist der Papierstau?

Susi: Entschuldigung, ich wollte Sie nicht wecken. Es ist nichts geschehen!

Servicemann: Okay, das ist gut. *(Er atmet schwer aus, streckt sich und dreht vorsichtig seine Schultern nach links und rechts.)*

Sekretärin: (Reicht ihm einen Kaffee und blickt besorgt) Meinen Sie, da passiert noch was?

Servicemann: Die Software kann nicht irren.

Sekretärin: Müssen Sie nicht mal nach Hause? Vermisst Sie niemand?

Servicemann: Ich bin geschieden.

Sekretärin: (Murmelt leise) Das wundert mich nicht.

(Laut)

Also, ich finde Ihren Einsatz bewundernswert, aber ich glaube, es war ein Fehlalarm.

Servicemann: Kann nicht sein. Wir warten ab!

Eine Woche später. Ein fahler Morgen. Die Sekretärin betritt das Büro, sie rümpft die Nase, weil es in dem Raum mittlerweile streng riecht. Dann sieht sie den Servicemann auf dem Rücken unter dem Multifunktionsgerät liegen, er stochert mit diversen Werkzeugen in dem grauen Kasten herum.

Sekretärin: Oh mein Gott, ist er nun doch noch eingetreten, der Schaden?

Servicemann: Nicht direkt. Aber ich habe beschlossen, nicht länger zu warten. Ich tausche einfach alle wichtigen Komponenten aus, dann können die nicht mehr kaputtgehen.

Sekretärin: Finden Sie nicht, dass Sie sich bei dieser Sache ein bisschen verrannt haben?

Servicemann: (Schreit) Ich werde diesen Papierstau besiegen, und wenn es das Letzte ist, was ich tue!

Sekretärin: (Beugt sich flüsternd zu ihrer Kollegin)

Der Mann ist krank, wir müssen bei seiner Firma anrufen! *(Laut)* Ich bringe Ihnen einen Kaffee!

Servicemann: Ich brauche keinen Kaffee, ich brauche einen Sieg!

Wieder einige Tage später. Zwei Sanitäter versuchen, den tobenden Servicemann auf eine Trage zu zerren. Schließlich gelingt es ihnen. Sie legen ihm Handfesseln an. Die Sekretärin öffnet ihnen die Tür und schaut dem Abtransportierten hinterher. Sie hebt leicht den Arm, als würde sie ihm nachwinken wollen. Dann besinnt sie sich eines Besseren, schließt die Tür und dreht sich zu ihrer Kollegin um, die am Multifunktionsgerät steht.

Sekretärin: (Vor sich hinredend, während sie zu ihrem Platz geht)

Mein Gott, bin ich froh, dass wir das hinter uns haben. Ich glaube, jetzt lüften wir erst einmal drei Tage. Und dann geht's an die Ablage, die Buchhaltung hat schon angefragt. *(Setzt sich und sieht wieder zu ihrer Kollegin, die immer noch am Gerät steht und auf dem Display herumtippt)* Mei, Susi, was machst du denn da die ganze Zeit?

Susi: (Dreht sich leichenblass um) Du, ich glaub, wir haben einen Papierstau!

(Vorhang)

So weit wird es aber hoffentlich nicht kommen, und diese erfundene Szene wird das bleiben, was sie sein sollte: eine hoffnungslos übertriebene Groteske. Immer noch nicht gelöst ist aber die Frage, wie man von A4 auf A3 oder – schlimmer noch – von A3 auf A4 kopiert. Das habe ich schon bei den einfacheren Geräten der Vergangenheit nicht verstanden und vor allem nicht, wie man die Vorlage reinlegt. Es ist mit den Multifunktionsgeräten definitiv nicht besser geworden.

10 Endstation Rechner

Warum Ihr Rechner so ist, wie er ist

Es gibt diesen Spruch, dass man für zwei Dinge wirklich Geld ausgeben sollte: für das Bett und für den Bürostuhl – weil zumindest der sitzende Teil der Bevölkerung rund zwei Drittel seines Erwerbslebens in diesen beiden zivilisatorischen Errungenschaften zubringt. Dass sich die wenigsten daran halten, zeigen alle Krankenkassenberichte, die eine sprunghafte Zunahme von Haltungsschäden und chronischen Rückenleiden verzeichnen. Inzwischen aber müsste man die Maxime um ein drittes Utensil erweitern: den Computer. Kaum ein Haushalt, der nicht mindestens über einen Rechner verfügt – und am Arbeitsplatz ist das Gerät ohnehin Standard, es sei denn, man hat eine der seltenen Stellen, bei denen tatsächlich noch körperlich gearbeitet wird.

Mein erster Rechner war kein Commodore 64. Der C64 und die Datasette waren Geräte, über die manche Menschen meiner Generation gern mit leuchtenden Augen und verklärtem Blick sprechen. Aber Vorsicht! Typen, die diese Rechner damals benutzten, waren auch diejenigen, die nie Freundinnen hatten, auf dem Schulhof Kloppe kriegten und anschließend im Mülleimer sitzen mussten.

Dafür hockten sie dann ihre gesamte Jugend in schlecht beleuchteten Kellerlöchern herum, tranken Instant-Zitronentee und gaben tagelang in ihre Geräte irgendwelches kryptisches Kauderwelsch ein, woraufhin der Computer, wenn man ihn so nennen soll, irgendwelches anderes Kauderwelsch ausspuckte in Form von Schriftzeilen, die mit grüner Schrift über einen kleinen schwarzen Bildschirm flatterten. Heute natürlich unvorstellbar, obwohl …

Egal. Als ich mir den ersten Computer kaufte, hatte das ausschließlich praktische Beweggründe. Als Journalist wollte ich ein Schreibgerät haben, mit dem das umständliche Hantieren mit dem Schreibmaschinenkorrekturband überflüssig würde. Also erwarb ich den Rechner einer Exotenmarke, die kurz nach meiner Kaufentscheidung vom Markt verschwand, womit sich Fragen der Garantie erledigt hatten. Dieser Computer hatte einen grünen Bildschirm, das Betriebssystem war auf einer Diskette gespeichert, und für die geschriebenen Texte waren dann nur noch einige hundert Kilobyte übrig. Eine Festplatte kannte diese Technologie nicht, die überhaupt sehr begrenzt war. Ich konnte lediglich meine Zeitungsartikel sowie Briefe an die Stadtwerke schreiben, um mich über die hohen Wasserkosten zu beschweren. Aber mehr hatte ich auch nicht verlangt.

Dennoch: Welch ein Durchbruch waren daher die Computer, die man ab den neunziger Jahren überall erwerben konnte! Zwei-Sechsundachtziger, Drei-Sechsundachtziger, Vier-Sechsundachtziger. Es hätte immer so weitergehen können, auch wenn normale Technikanalphabeten wie ich bis heute nicht wissen, warum das jetzt eigentlich ein Sechsundachtziger und nicht ein Fünfundachtziger war. Danach aber gab es Rechner mit Pentium-Prozessoren, und seitdem habe ich aufgehört, mir die immer blumigeren Namen zu merken. Sie sind auch gar nicht mehr so schön wie damals. Wenn ich heute in den x-beliebigen Prospekt eines x-beliebigen Technikdiscounters blicke, wird dort ein »AMD Dual-Core E-300 APU« angeboten, natürlich mit »AMD Radeon HD 6310«. Sind das eigentlich reale Bezeichnungen und Fachleute lachen sich über Ignoranten wie mich jetzt schlapp, weil ich in der Tat keinen blassen Schimmer von diesen Angaben habe? Und übrigens auch nicht haben möchte. Ich finde das nämlich ziemlich irre. Da wird in Prospekten, die in Hunderttausenden von Haushalten verteilt werden, mit Produkteigenschaften geworben, die so gut wie niemand versteht. Ohne jetzt eine entsprechende Studie zur Hand zu haben, behaupte ich, dass mindestens 97,5 Prozent aller Menschen, die ich an einem Dienstagmorgen in der Fußgängerzone von Bad Segeberg* befragen würde, ob sie wüssten, was »AMD Radeon HD 6310« sei, im besten Fall kopfschüttelnd weitergehen würden. Im schlimmsten Fall würden sie mir Prügel androhen, und im Grunde könnte ich das sogar verstehen.

Stellen Sie sich das mal bei anderen Produkten vor. Sie

* Es funktioniert auch in Heilbronn oder Bad Wörishofen.

stehen im Supermarkt am Gemüsestand und lesen: »Solanum tuberosum mit zwölf Chromosomen, garantiert tetraploid, jetzt mit 1-Octen-3-ol, (E)-2-Octenol, (E)-2-Octanal und Geraniol, sowie 2-Isopropyl-3-methoxypyrazin. Aktionspreis 3,99 Euro das Kilo!« Und gemeint sind nichts weiter als banale Speisekartoffeln. In dem Laden würden Sie nicht wieder einkaufen. Bloß bei Computern, da lässt man sich ein solches Vorgehen gefallen. Vielleicht sind diese Bezeichnungen aber sowieso komplett erfunden, und das Ganze ist nur eine ausgefeilte Marketingstrategie. Je geheimnisvoller und technischer die Beschilderung klingt, desto ehrfürchtiger stehen wir davor und sind bereit, Höllensummen für einen zusammengelöteten Haufen Blech und Kabel zu bezahlen.

Es hat auch keinen Sinn, auf der Suche nach Erklärungen einen Verkäufer zu fragen. Erstens werden Sie im Discounter Ihrer Wahl keinen finden, jedenfalls keinen, der nicht parallel acht andere Interessenten bedient, und zweitens – falls es Ihnen doch gelingen sollte, ein Zeitfenster bei einem dieser seltenen Exemplare in Beschlag zu nehmen – wird dieser Mensch Sie mit weiteren unverständlichen technischen Merkmalen vollquatschen, wobei man sicher sein kann, dass er selbst – wie die Mehrzahl seiner Kollegen – nicht die geringste Ahnung hat, was er einem da andrehen will. Andererseits: Auch diese Person hat Familie und muss von irgendetwas leben, nachdem ihn die Arbeitsagentur vom Krankenpfleger zum Fachberater für Unterhaltungselektronik umgeschult hat.

Grundsätzlich muss man sich natürlich fragen, ob man es überhaupt für erstrebenswert hält, in den Besitz eines neuen Gerätes zu gelangen. Denn mit einem Neuerwerb gehen die Probleme erst richtig los. Kaum hat man seine multimediale Wunderwaffe durch die Kasse gebracht und freut sich noch, dass man für sagenhafte 499 Euro den i3-Prozessor der zweiten Generation mit der 1,3 Megapixel-Webcam, USB 3.0 und Bluetooth 4.0 erstanden hat, kommen einem aber schon beim Passieren der Ausgangstüren leichte Zweifel. Die sich daheim sofort in bittere Wahrheit verwandeln, wenn Sie ein Prospekt aus Ihrem Briefkasten fischen und feststellen, dass es ein ganz ähnliches Gerät bei einem anderen Discounter für 450 Euro gegeben und dass ein dritter Anbieter für 499 Euro den i3-Prozessor der dritten Generation, mit mehr Speicherplatz, besserer Grafikkarte und schärferer Webcam als Sonderposten gehabt hätte. Nicht dass ein Normalanwender wie ich da irgendeinen Unterschied bemerken würde, im Gegenteil. Eher habe ich das Gefühl, dass die Rechner immer langsamer und immer anfälliger werden.

1998 investierte ich in ein Luxus-Laptop – und tat dann etwas sehr Eigenwilliges: Mit dem Gerät war ich immer nur kurz im Internet, ich bevorzugte eine langsame Netz-Verbindung über ein Telefonmodem, nie spielte ich neue Software auf den Computer, nie aktualisierte ich irgendetwas. Nach herrschender Meinung hätte dieser Rechner ein Totalversager sein müssen. Und dann habe ich, obwohl Gerät 1 immer noch läuft, vor zwei Jahren ein anderes, ebenfalls recht teures Gerät 2 erworben. Dieser Laptop jedoch hängt an einer ultraschnellen Internetverbindung über einen WLAN-Router, und ich mache damit alles, was kluge IT-Spezialisten empfehlen. Und nun vergleichen wir die beiden:

Über das Waschmittel, das weißer als jedes je da gewesene Waschmittel wäscht, hatte ich schon gesprochen. Ebenso über die Waschmaschine, die so sparsam ist, dass Sie nahezu unmittelbar nach jedem Waschgang eine Gutschrift Ihres Stromversorgers erhalten. Dasselbe Phänomen gibt es auch bei Computern. Oder ist Ihnen noch nicht aufgefallen, wie optimal die Geräte arbeiten? Bestimmt. Sie haben es selbst erlebt: Sie stürzen nie ab, öffnen in Lichtgeschwindigkeit Dateien, fahren augenblicklich und mit einem Wumms hoch, dass selbst die neuen indischen Langstreckenraketen staunen würden, wenn sie das könnten. Dass das so ist, verdanken wir pausenlosen Updates. Gerät 2 jedenfalls wird upgedatet. Mehrmals am Tag meldet der Computer atemlos, dass neue Updates verfügbar sind. Ohne Updates, so scheint es, ist ein sinnvoller Weiterbetrieb kaum denkbar. Habe ich den wirklich dummen Gedanken, der Rechner laufe doch seit zwei Stunden stabil und ich könnte vielleicht morgen oder so updaten, beginnt der gnadenlose Terror.

Überhaupt meldet das Gerät stets zur unpassenden Zeit: »Updates zur Installation vorbereitet.« Dabei öffnet der Computer ein Fenster, das anzeigt, der Rechner werde in neun Minuten und sechsundfünfzig Sekunden heruntergefahren. Umgehe ich diese Ankündigung, indem ich mit der Maus »Später herunterfahren« anklicke, reagiert das Laptop beleidigt und beginnt, mich im Zehnminutentakt mit der Sache zu behelligen. Oder es wartet, bis ich abgelenkt bin, telefoniere oder aufs Klo gehe – genau in diesem Moment fängt es doch an herunterzufahren. »Bitte schalten Sie den Rechner nicht aus!«, warnt eine grelle Anzeige und informiert mich, dass noch siebenundzwanzig Updates zu installieren sind. Das kann dauern. Herrlich dann, wenn ein Abgabetermin naht, der Chef auf dringende Unterlagen wartet oder aber wichtige Anmerkungen auf Facebook vorzunehmen sind – wobei man das ja auch mit dem Rest des Maschinenparks erledigen kann. Unterbricht man aber den Update-Vorgang, riskiert man einen Komplettausfall des Rechners, einen videotextähnlichen blauen Bildschirm, blinkende Warnmeldungen und einen Start im »abgesicherten Modus«, der vermutlich nur erfunden wurde, um uns für alle Zeiten beizubringen, dass man sich nicht in die Rechnerpolitik einzumischen hat. Dass danach alle wichtigen Unterlagen verschwunden sind oder in siebzehn verschiedenen Versionen »wiederhergestellt« werden, versteht sich von selbst. Ein bisschen Strafe muss schließlich sein.

In dem kurzen Zeitraum, in dem gerade keine Updates vorgenommen werden, könnte man theoretisch an den Dingen arbeiten, für die man den Rechner erworben hat. Doch auch dann ist einiges zwischen Anwender und Computer zu klären. Da der Rechner – noch – nicht spricht, verwendet er hierfür Mitteilungsfenster, die inzwischen an allen möglichen Ecken des Bildschirms auftauchen und unsere Aufmerksamkeit fordern, selbst wenn wir ihren Sinn nicht begreifen. Sicherlich: Die Mitteilung »Fingerabdruck nicht registriert« ist klar und deutlich formuliert, aber was tue ich jetzt? Fahre ich zur nächsten Polizeistation und stelle mich? Ich könnte mit der Webcam gleich Bilder von mir machen, von vorne, von links und von rechts. Die müssten dann auf der Wache nur noch dieses Schild mit dem Namen und der Identifizierungsnummer hineinmontieren. Aber was habe ich eigentlich verbrochen? »Es konnten nicht alle Netzlaufwerke wiederhergestellt werden.« Bin ich daran vielleicht irgendwie schuld, weil ich während des letzten Updates ungeduldig geflucht habe?

Von oben hüpfen nun Icons ins Bild – vor Aufregung bin ich an irgendeine Toolbar gekommen. Das Gehüpfe nervt. Ich klopfe mit der Maus auf die Tischplatte, um aus dem Modus wieder herauszukommen. »Festplattenschutz aktiviert«, informiert mich der Rechner. Oje, was habe ich nur getan? Eigentlich hatte ich gerade nur ein paar (selbstverständlich verwackelte) Urlaubsfotos angucken wollen, die mir ein Freund geschickt hat, zur Ansicht, bevor er sie bei Facebook posten will. Aber die Bilder sind nicht aufrufbar, weil sie »in einem anderen Programm bearbeitet werden«, was ich nicht kapiere, weil zumindest *ich* das nicht tue. Es ist auch kein anderes Programm geöffnet, zumindest weiß ich nichts davon. Vielleicht muss ich das Virenprogramm updaten, vielleicht tut es das aber von alleine. Der Freund hat zum Glück noch eine Audiodatei mitgeschickt, und beim dritten Versuch gelingt es mir, sie zu öffnen. Irgendjemand lallt vor sich hin, ich habe keine Ahnung, wer und warum, ich kann jedenfalls kein Wort verstehen. Und jetzt stürzt das gesamte Fotoprogramm ab. Vielleicht braucht der Rechner tatsächlich Updates.

Rechner 1 dagegen muckt seit Jahren nicht auf. Er will keine Updates und verbessert auch mein Geschriebenes nicht dauernd. Auf ihm existiert der »Beamte« noch, neuere Modelle wandeln den Staatsbediensteten dagegen in »Beamer« um. Sicherlich auch ein schönes Wort, aber altmodisch, wie ich bin, bestimme ich gern selbst, was ich sagen möchte. Rechner 1 ist auch nicht so teuflisch wie sein Nachfolgemodell, das die katholische Nachrichtenagentur KNA einfach ausradiert hat. Schluss mit diesem kirchlichen Unfug, hat er entschieden (vielleicht waren es auch nur seine atheistischen Programmierer gewesen). Es ist auf jeden Fall nicht mehr möglich, eine Abkürzung aus den drei Buchstaben K, N und A zu verwenden, diese Kombination wird augenblicklich in »KANN« umgewandelt. Da ist der alte Rechner irgendwie pflegeleichter. Man kann auf ihm sogar ohne große Komplikationen einen Brief schreiben. Dazu wählt man »Datei neu« oder klickt auf das Icon mit der leeren Seite. Dann kann es – ohne Vorwarnung – einfach losgehen. Ich gebe zu: Das ist sehr banal, geradezu primitiv. Rechner 2 dagegen fordert ein, dass man nach »Datei neu« die nächste Aufgabe zu erfüllen hat, nämlich »Erstellen«. Es folgen vierundzwanzig

Optionen, die man genau zu beachten hat. Nach längerem Überlegen beschließt man vielleicht »Neues Blatt« anzuklicken, doch vergeblich. Denn »Neues Blatt« heißt erst einmal nichts weiter als »Neues Blatt«. Alles klar? Neues Blatt eben. Ach so, Sie wollen ein »Neues Blatt« auf dem Rechner haben? Ja, sagen Sie das dem Rechner doch. Indem Sie auf das »Erstellen«-Icon rechts davon klicken. Das lernen schon Kinder:

GÖR
»Kann ich ein Eis?«
ERZIEHUNGSBERECHTIGTE(R)*
»Was denn? Angucken? Einpacken?«
GÖR
(Verdreht die Augen)
»Haben!«

Ihr Rechner will Ihnen doch auch nur auf die Sprünge helfen. Er will einfach nur Ihr Bestes, selbst wenn er sich manchmal beim Smartphone über Sie beschwert. Natürlich nur, wenn Sie gerade nicht im Raum sind.

---

* Ich habe eine halbe Stunde benötigt, um herauszufinden, wie ich es verhindere, dass mein Rechner aus der hier verwendeten männlich/weiblich-Auswahl das Markenzeichen ® macht.

11 Auf der Suche nach dem Heiligen Gral

Können soziale Netzwerke und andere Grausamkeiten helfen, wenn ich schwer krank bin oder aber an der unlösbaren Milchfrage verzweifle?

Ich muss noch einmal auf die Milch zurückkommen. Den guten alten Frosty, den Kühlschrank, der mir ohne Aufforderung neue Milch bestellt, gibt es ja bislang nicht. Das ändert aber nichts an der Grundsatzfrage: Soll man überhaupt Milch trinken? Noch vor zwanzig Jahren, als es kein Internet gab, hätte der überwiegende Teil der Bevölkerung dies mit einem entschiedenen Ja beantwortet. Denn Milch, das kennt man nicht zuletzt aus den Werbespots für Milchschnitte, Kinder Country und Knoppers (oder was auch immer es damals an solchen tollen Milchprodukten gab), ist wahnsinnig gesund, die Knochen wachsen, sie sprießen geradezu, man bekommt jede Menge gesunder Vitamine und Calcium verpasst, dass es nur so kracht. »Jeden Tag ein Glas Milch, dann bleibst du gesund«, das wusste schon die Großmutter. Aber hatte sie recht? Hatte sie uns die ganze Wahrheit erzählt und uns zum Beispiel über Lactoseintoleranz aufgeklärt?

Nein, denn erst mit dem Internet sind wir mündige Menschen geworden, die sich ein eigenes Bild machen können, so auch über die Milchfrage. Der moderne Mensch ist auf Großmutterweisheiten nicht mehr angewiesen, zumindest kann er sie alle im weltweiten Netz überprüfen. Und dank Smartphone, Tablet-PC, WLAN, mobilem USB-Stick und Flatrate kann er das vierundzwanzig Stunden am Tag, also genau in dem Moment, wenn der Schuh drückt. Oder der Magen. Ich bekomme nämlich nach einem Glas Milch immer leichte Bauchschmerzen. Wahrscheinlich ist es eine Lactoseintoleranz, das zumindest ist die feste Überzeugung einer Freundin von mir. Sie hat das auch, meint sie und trinkt, seit sie es weiß, nur noch lactosefreie Milch.

»Hast du das mal testen lassen?«, frage ich sie.

»Nein, aber das ist doch sonnenklar«, entrüstet sie sich und zeigt mir zum Beweis eine Website auf ihrem Smartphone.

Trotz dieses durchschlagenden Arguments bin ich nicht restlos überzeugt. Bei Google gebe ich das Stichwort »Milch« ein und erhalte vierunddreißig Millionen Einträge. Puh! Wahllos klicke ich herum, bis ich in einem Forum für Milchgeschädigte lande. Kein Wunder, dass es mir mies geht. Der Mensch ist nach neuen Erkenntnissen einfach kein Milchtrinker. Genetisch spricht ja vieles gegen Milch, schreibt auch *hannes15* im Milch-Blog. Stimmt genau, denke ich. In der Steinzeit hätte niemand so etwas getrunken, zum einen weil die Milch ohne Kühlschrank gleich schlecht geworden wäre, zum anderen weil die Viehhaltung noch gar nicht erfunden war. In der Jungsteinzeit kamen dann aber einige ganz Pfiffige auf diesen

Dreh, und zwar vornehmlich dort, wo es schrecklich kalt war und das Grünfutter nicht ausreichte, um die ganze Sippschaft durchzuziehen. Nachdem man alle Nachbarn erschlagen hatte und das Essen trotzdem nicht reichte, begann man schließlich, Nutztiere wie zum Beispiel Ziegen zu halten. Irgendjemand muss dabei entdeckt haben, dass diese Viecher Milch geben und dass man die weiße Plörre mit dem charakteristischen Geruch sogar trinken kann. Die Einzelheiten dieses Durchbruchs mag ich mir gar nicht vorstellen. Die Kuh kam übrigens erst später ins Spiel, aber auch hier hatten die kälteren Regionen bei der Viehhaltung die Nase vorne. Das ist dann wohl auch der Grund, warum heutzutage 80 Prozent der Skandinavier, aber nur ein Prozent der Chinesen Milch vertragen.

Und wie ist das bei uns Deutschen? Gefühlt sind wir Skandinavier, also Milchtrinker. Aber die von besagter Freundin ins Feld geführte Website sieht die Sache komplett anders: Einmal Milch die Woche reicht, erfahre ich hier. Besser, man lässt sie sogar ganz weg, denn der Körper wehrt sich gegen Milch. Wir trinken viel zu viel Milch! Einerseits. Andererseits, das sehe ich gerade auf einer zweiten Website, die ich parallel auf meinem Tablet aufgerufen habe, trinken wir auch zu wenig Milch. Milch ist gut für die Knochen, enthält die konjugierte, mehrfach ungesättigte Fettsäure CLA. Fragen Sie jetzt bitte nicht nach Details, aber fest steht doch wohl nach Vertretern dieser Theorie: Wer nicht jeden Tag Milch trinkt, wird umgehend krank. Ganz sicher. Also – fast. Denn da gibt es noch die

Seite der Gesellschaft für Ernährungsheilkunde, und die verheißt wiederum nichts Gutes über den weißen Trinkgenuss: »Milch und die daraus hergestellten Produkte ... schaden dem menschlichen Organismus und damit der Gesundheit. Die Milchindustrie hat ein sehr großes Interesse daran, Informationen zu streuen, die auf ein gesundes Produkt – besonders Mineralstoffe – schließen lassen. Milch kann Mineralstoffmangel nicht aufheben! Im Gegenteil: Milch führt zu einer Übersäuerung des Körpers.« Um Gottes willen! Es ist also die Milch, die uns krank macht. Sie führt zu »Magenverschleimung« lese ich entsetzt an anderer Stelle.

Jetzt bin ich völlig ratlos und verwirrt. Das war früher wirklich besser. Vielleicht lagen wir falsch mit dem Slogan »Milch macht müde Männer munter«, aber wenigstens haben wir daran geglaubt, und bis zum Pillenknick hat's ja auch funktioniert.

Angesichts dieses Dilemmas können jetzt nur noch soziale Netzwerke helfen! Auf der Internetplattform Xing starte ich die Umfrage: »Ist Milchtrinken gesund oder nicht?« Nach mehreren Stunden sind 100 Prozent der Abstimmenden der Meinung, dass man durch Milch total »verkeimt« wird und besser die Finger davonlässt. Neben mir hat immerhin noch ein Nutzer mitgemacht, im Ganzen umfasst das Panel damit also zwei Teilnehmer. Ich selbst habe mich inzwischen auf die Seite der Milchgegner geschlagen, diese »Magenverschleimung« macht mir nämlich wirklich Sorgen. Aber ist das Ergebnis meiner Umfrage repräsentativ? Ich bezweifle das doch ein wenig. Also poste ich die Milchfrage auf Facebook. Hunderte von Freunden habe ich da, aber wenn man sie braucht, schreibt keiner was zurück. So auch jetzt. Alle sind wohl mit sich selbst beschäftigt. Veröffentlichen ihre verwackelten Urlaubsbilder oder geben extrem kluge Lebensweisheiten von sich, die man dann mit »Gefällt mir« kommentieren muss, weil die sonst beleidigt wären. Und da die Freunde eigentlich gar keine sind, jedenfalls meistens nicht, sondern Vorgesetzte, Kunden oder potenzielle Lebensabschnittspartner, ist man besser nett zu ihnen. Man weiß ja nie … Dennoch, sie hätte mich ruhig unterstützen können.

Es macht »pling« auf meinem Laptop. War ich ungerecht? Eilen mir die Freunde jetzt doch zu Hilfe, bereit, die verdammte Sache mit der Milch ein für alle Mal zu entscheiden? Nein, im E-Mail-Verzeichnis sehe ich, dass zwei »Freunden« mein Eintrag einzig »gefällt«. Mehr nicht. Ganz toll, ihr Hirnis! Ihr sollt etwas Substanzielles schreiben. Darüber, ob Milch gesund ist. Oder ob Kuhmilch allein »Muttermilch für Kuhbabys« sein sollte, wie die Tierschutzorganisation PETA mitteilt. Die Tierschützer beklagen übrigens auf ihrer Internetseite: »Die Kälber … werden mit Ersatznahrung zur Schlachtung gemästet. Stattdessen trinkt der Mensch die artfremde Kuh-Muttermilch und wird krank.« Hallo, was sagt ihr dazu? Haben die recht, oder was? Und: Macht Milch Osteoporose?

Endlich. Ein Freund schreibt mir. Er teilt mir mit, er sei kein Kalb. Also: keine Milch. Eine Freundin meint dagegen,

Käse sei soooo lecker, und der wäre doch auch irgendwie aus Milch. Immerhin zwei Meinungen, natürlich konträr.

Letzte Ausfahrt Forum, sage ich mir. Foren haben sich in den letzten Jahren im Netz wie die Schmeißfliegen vermehrt.* Zu jedem, aber wirklich jedem Blödsinn gibt es Foren, die sich vor allem durch vollkommene Ahnungslosigkeit ihrer User auszeichnen. Als hätte es den schönen Satz von Dieter Nuhr nie gegeben.** Ich komme auf das Thema noch zurück, wenn wir später den medizinischen Fortschritt im Internet beleuchten.

In einem von diesen Werweisswas.de-, keiner.com-, blödauch.org-Foren (oder wie immer die heißen) finde ich folgenden Dialog zur Frage, ob Milch gesund oder schädlich ist. (Die geringfügigen Abweichungen von der offiziellen deutschen Rechtschreibung bitte ich zu entschuldigen, ich möchte Ihnen das hier im Original präsentieren):

Gothicgirl: ich hab mal gelesen, das man Calcium in Milch nicht so gut verwerten kann wie z.B. das aus Obst. Das Milch ungesund is glaub ich aber nicht. Man wird halt zunehmen, wenn man viel trinkt.

ramtamtam: Milch ist zwar gesund aber gar nicht so wie es immer in den Medien einem weiß gemacht sind. Um die

* Weltweit gibt es etwa tausend Arten der Schmeißfliegen (lat. Calliphoridae). Sie legen ihre Eier gern auf Kot oder Leichen ab, wobei ein einziges Gelege mehrere Hundert Eier enthalten kann, aus denen dann ekelerregende kopflose Schmeißfliegenmaden schlüpfen. Ich wollte das nur der Vollständigkeit halber anführen.

** Ich meine hier den mit der Ahnung und der Fresse …

Milch so in ihren Bestandteilen zu zersetzten das wir alle Vitamine aufnehmen, dafür fehlen uns die Enzyme (wir sind alle keine Kühe).

Kenner33: Kühe trinken Wasser, fressen Gras.

Tockel: der is gut

Quadrennen: die quelle der gesundheit

Kiepenkerl: milch ist in normalen mengen gesund, ist aber gegen pickel z.b. nicht hilfreich und bei höheren massen für die zähne nicht gut

rotator#: ich habe bereits sehr kritische Stimmen zu Milch gehört. Kürzlich sprach ich mit der Leiterin einer Selbsthilfegruppe von Brustkrebspatientinnen, die felsenfest davon überzeugt ist, dass die Hormone in der Kuhmilch für so manches Krebsschicksal verantwortlich sind.

JackAss_: ach quatsch, Milch ist total gesund, am besten frisch vom Bauer …

Tockel: Lieber Frisch von der Kuh! lol

Quadrennen:* milch jungmacher …

Das geht noch stundenlang so weiter, und es gibt Tausende solcher Quassel-Plattformen. Da wusste früher sogar die Frau an der Kasse eines Tante-Emma-Ladens über alles besser Bescheid.

Die an sich wichtige Milchfrage ist natürlich nicht das einzige Thema, über das sich Menschen heutzutage aus-

* Alle »Namen« sind sicherheitshalber geändert, ich will niemandem zu nahe treten.

einandersetzen, wobei das jetzt sehr wissenschaftlich klingt – als ob die meisten Leute nur über wichtige Dinge sprechen und dabei sachgerechte Argumente gegeneinander abwägen. Natürlich hat man das schon früher nicht gemacht, und heute ist es nicht anders. Klatsch und Tratsch nahmen immer eine große Rolle ein. In der Steinzeit diskutierte man über die Größe der erbeuteten Säbelzähne, den Mammutgeruch, das Neueste aus der Nachbarhöhle und wie das Wetter so wird. Im Mittelalter erweiterte sich der Gerüchtestoff um die folgenschwere Frage: Wer war letzte Woche als Hexe verbrannt oder – je nach Region – als solche ersäuft worden. In den sechziger Jahren hatten sich die Gesprächsthemen nicht groß verändert, statt »Hexe« sagte man jetzt »leichtes Mädchen« oder »Kommunistin«, zumindest wenn man im Westen lebte, und das Neueste aus der Nachbar(höhle)schaft blieb weiterhin interessant, ebenso das Wetter. In den Siebzigern kam dann noch hinzu, wer es mit wem trieb, wer abtrieb und wer Drogen nahm. Seit einigen Jahren sind aber leider nahezu alle zu erörternden Feindbilder verschwunden, selbst Atomkraftgegner taugen dazu nicht mehr. Schließlich hat inzwischen die CDU nicht nur für den Ausstieg aus der Kernenergie gesorgt, sondern zu allem Überfluss auch noch die Wehrpflicht abgeschafft, womit sich sogar die »Drückeberger« erledigt haben. Gut, über Islamisten könnte man sich vielleicht noch aufregen, aber die gibt es in der Regel nicht in der Nachbarschaft, und der Wulff ist auch weg. Damit bleibt dann aber wirklich nur Belangloses für den Klatsch übrig. Oder völlig sinnfreie Gehässigkeiten. Und ausgerechnet jetzt, wo überhaupt keine großen gesellschaftlichen Auseinandersetzungen mehr existieren, wo sich Streitfragen allenfalls an einem milchrosafarbenen Schuh von Zalando entzünden können, ja, ausgerechnet jetzt hat es der technische Fortschritt möglich gemacht, dass wir uns über Facebook und Twitter in alle Welt verbreiten können. Da ist es eigentlich kein Wunder, was man jeden Tag auf den Blauen Seiten mit dem »F« findet. Ich meine, was hätte ein intelligenter Mensch des ausgehenden 20. Jahrhunderts (nur für diejenigen, die da nicht so im Thema sind: Das 20. Jahrhundert endete am 31. Dezember 1999), also durchaus schon mit unserem heutigen technischen Verständnis ausgerüstet, zu einem solchen »Dialog« gesagt:

Susanne Möppelmann: Endlich wieder Berlin!
(Darunter ist ein nichtssagendes verwackeltes Bild einer Häuserreihe zu sehen)
WernerS und Pusselchen und 7 anderen Personen gefällt das.
Kurti: Freut mich!
Susanne Möppelmann: Hi, Kurti!
Kurti: Hi, Susanne!
Cordula Witzhave: Viel Spaß!
Kurti: lololo
Sandra Pöle: Ich will auch!!!
Kurti: lololo

Richtig! Er hätte einen Krankenwagen gerufen – und zwar zu Recht! Keine zehn, fünfzehn Jahre später ist es aber offenbar völlig in Ordnung, dass eigentlich normale Menschen den ganzen Tag derartigen Unfug von sich geben. Ein Freund von mir, sogar ein echter, einer, den ich nicht auf Facebook kennengelernt habe, schreibt am Tag um die sechzig solcher Einträge, mit Bildern, Videos, Zitaten. Zwangsläufig führt das in der Folge zu meterlangen Unsinnsdialogen. Zwischendurch twittert er Links, damit noch mehr Leute auf seine Facebook-Seite kommen und den ganzen Sermon kommentieren, und die wichtigsten Kommentare werden dann wieder zurückgetwittert* und so weiter. Er findet es gut, und niemand stoppt ihn. Weder Kollegen (die antworten auf den Blödsinn) noch Chefs (die haben ihre eigenen Facebook-Seiten) noch seine Ehefrau (die ist froh, dass er endlich Anschluss gefunden hat).

Haben Sie sich das mal überlegt: Möchte man den ganzen Tag den »Freunden« seine Erlebnisse mitteilen, hat man keine Zeit, tatsächlich etwas zu erleben. Neulich war ich nachts unterwegs und hörte im Auto eine Radiosendung, bei der Leute anrufen und dem Moderator alles Mögliche erzählen konnten. Da meldete sich eine Frau und berichtete von einem Projekt mit armen Kindern, das sie ins Leben gerufen hatte, und wie sie es neben ihrem Job organisierte. Der Moderator schien beeindruckt und

---

* Ich weiß, dass das »retweetet« heißen muss, aber ich finde das Wort wirklich oberaffig.

meinte, woher sie eigentlich die Zeit nähme, er selbst würde auch gern mal etwas Sinnvolles tun, aber bei dem ganzen Facebook und Trallala komme er zu gar nichts. Daraufhin sagte die Frau: »Dann lassen Sie es doch einfach sein, schalten Sie Ihre Geräte aus und machen Sie, was Ihnen wirklich Freude macht.« In der Folge entstand ein Schweigen, ein so langes, unangenehmes Schweigen, das bestimmt gegen die europäischen Normen für private Hörfunksender verstieß, in denen mit Sicherheit geregelt ist, wie lange man den Hörer ohne Musikteppich, hippes Gequatsche und Gejingle allein lassen darf.* Die Frau hatte den sonst um keinen blöden Spruch verlegenen Moderator völlig sprachlos gemacht.

Schauen wir uns weiter um: Ein international agierendes Modegeschäft ist dazu übergegangen, auf seinen Kleiderbügeln elektronische Zähler zu installieren, die anzeigen, wie hoch die Anzahl der Facebook-Nutzer ist, denen das jeweilige Outfit gefällt. In den diversen Bewertungs-Communities kann ich sehen, wie viele Patienten meinen Urologen großartig finden. MeinProf zeigt, was Studenten von ihrem Professor halten, auf MyTeacher können Schüler dasselbe machen. HolidayCheck und ähnliche Plattformen notieren, wie viele Leute einen »wahnsinnig tollen Urlaub« im »Bella Casa« oder im »Hotel zur Sonne« hatten. Bei Amazon kann man verfolgen, welche Noten

* Ich vermute, der Wert würde unter einer Zweiunddreißigstelsekunde liegen, sollte es diese Vorschrift tatsächlich geben. Sie muss aber auch gar nicht existent sein, weil alle Sender es freiwillig so regeln.

irgendwelche Leute Geräten, DVDs oder am Ende sogar meinen Büchern geben. Eine Freundin kaufte neulich einen Schrank im Internet und war dann total überrascht, dass sie ihn nicht zusammengebastelt bekam, obwohl doch »willy55« auf eBay notiert hatte, der Schrank sei »easy« aufzubauen. Wollen wir wirklich so leben? Nur noch auf das dumme Gequassel von irgendwem hören, dem wir im Real Life vielleicht nicht einmal die Hand geben würden? Ist die Jacke, die 4567 Leuten gefällt, wirklich die richtige für Sie? Und haben Sie es an der Galle, nur weil es in dem von Ihnen gewählten Gesundheitsforum alle an der Galle haben?

Also, ich habe zum Beispiel seit einiger Zeit so einen dumpfen Schmerz im Oberbauch. Nichts Schlimmes wohl, aber es beunruhigt mich doch, zumal ich neuerdings auf Milch verzichte. Nach den schlechten Erfahrungen auf Facebook versuchte ich es mal bei YouTube, da gibt es auch Communities. Ein zauseliger Moderator mit schlechter Fönfrisur und schiefer Brille meldete sich, nachdem ich den Link »Magendrücken« anklickte, und kündigte an, er wolle heute über das »merkwürdige Thema« Druck im Oberbauch sprechen. Nach einigem Hin und Her erklärte er mir und allen anderen Interessenten, es handele sich um eine Dyskinesie, eine Verkrampfung der Galle, allerdings nur, wenn der Schmerz von rechts komme. Meinte der jetzt rechts von mir aus gesehen? Oder wenn er mich von sich aus betrachtete? Das wäre von mir aus links, und dann wäre so eine Dickdarmbiegung schuld, wo sich alles staut. Ich runzelte die Stirn, und Zausel zeigte per Webcam zu allem Überfluss eine Zeichnung von all den Gedärmen, die sich im Bauchraum winden. Mir wurde schlecht. Nachdem ich beschlossen hatte, dass der Community-Moderator wohl das rechte Rechts meinte, googelte ich »Gallenbeschwerden«, wohl wissend, dass ich es wieder mit Millionen von Einträgen zu tun bekommen würde – was auch in der Tat so war. Daher wechselte ich schnell auf den Gallenschmerzen-Blog, in der Meinung, mich dort mit Gleichgesinnten austauschen zu können. Dummerweise war aber niemand mehr im Chat-Room, im virtuellen Raum, in dem man quasseln kann; möglicherweise drückten sich alle auf Facebook herum. Ich fühlte mich mit meinen Gallenschmerzen alleingelassen.

Wenn es mal wirklich die Galle ist: Diese seltsamen Oberbauchschmerzen könnten auch von der Bauchspeicheldrüse ausstrahlen. Oder vom Rücken. Man wird definitiv verrückt, wenn man in die Krankheitsforen gerät und erfährt, was andere alles für Krankheiten haben. Oder wenn sie vermuten, dass sie sie haben. Oder jemanden kennen, der vermutet, dass er so etwas hat. Das war in der Steinzeit wesentlich übersichtlicher organisiert, da hatte man für diese Dinge einen eigens dafür qualifizierten Medizinmann, der die Sache in der Regel mit einem Tritt in den Magen seines Patienten erledigte.

Ein kleiner Blick in die Zukunft: Twitter und Facebook und StayFriends gibt es entgegen der Annahmen vieler Internetfreaks noch gar nicht so lange. Diese Plattformen tauchten irgendwie aus dem Nichts auf, und jetzt haben sie Börsenwerte, mit denen man Großbritannien, Frankreich und die Schweiz aufkaufen könnte.* Aber lassen Sie uns einmal spekulieren, was als Nächstes kommen könnte. StayEnemies? Ein Portal, das einem hilft, sich an die größten Arschgeigen zu erinnern, die einem im Leben begegnet sind? Ich zum Beispiel hatte fast schon den stellvertretenden Chefredakteur vergessen, der während meiner Ausbildung quer durch den Großraum über meinen gerade verfassten Artikel sprach und sinngemäß sagte: »Lieber Herr Schumacher, öffnen Sie heute Abend eine teure Flasche Rotwein, lesen Sie ein gutes Buch, vielleicht den Duden, und da genau die Abschnitte über Zeichensetzung …« Es wäre doch schön, wenn ich zwanzig Jahre später verfolgen könnte, wie dieser Mann an seiner Scheidung zugrunde gegangen war, bei der fünften Arbeitsstelle rausflog und wegen Steuerbetrugs in den Knast musste. Nicht dass ich nachtragend bin, aber es wäre doch wahnsinnig gut, also interessant, das alles zu wissen.

MyHirn könnte auch so eine viel besuchte Zukunftsplattform werden. Frei nach Harry Potter könnte man hier Teile seiner im Laufe der Jahre gedachten Gedanken auslagern, damit sie einen nicht so behindern, wenn man auf Facebook seine »Gefällt mir«-Kommentare postet. Viele Rechner haben heute ja externe Festplatten, um der ganzen Datenflut Herr zu werden.

---

* Griechenland erhielte man vermutlich als Bonus obendrauf.

Was mir wirklich noch fehlt, ist Plopper. Das wäre so eine Art Twitter für Haustiere. Die Idee kam mir neulich, als ich eine Meldung las, in der es hieß, dass jetzt auch Affen iPads bedienen können. An sich ist das nicht überraschend, problematisch für die Technik ist aber wohl die Grobmotorik der Tiere. Ein typischer Dialog auf Plopper könnte zum Beispiel so aussehen:

GITTA GANS
Gack.
ROSALINDE DIE KUH
Muh!
SCHILLI-SCHAF
Mähhh!
FROSCHI
Röböb …

Wenn man ehrlich ist, muss man feststellen, dass selbst diese Tierlaute sinnvoller sind als so mancher echte »Dialog« – großes Wort – auf Twitter.*

Am Schluss fehlt eigentlich nur noch die Sterbe-Community schoener-sterben.de. Hier könnten sich Gleichgesinnte treffen und wertvolle Hinweise austauschen darü-

---

* Wenn Sie wie ich von solchen Tierlauten fasziniert sind, lesen Sie doch das Kinderbuch *Come on, Daisy!* (dt.: *Elsa* Entchen) von Jane Simmons, am besten im englischen Original. Ich habe jedes Mal Lachtränen in den Augen, wenn ich es mir vornehme. Es gibt nur wenige Dinge, die so wunderbar sind wie dieses Buch. Es ist allerdings noch nicht als Twitter-Ausgabe erhältlich …

ber, wo es preiswerte Särge gibt, welche Erfahrungen man mit See-, Feuer- oder Erdbestattung gemacht hat und welcher Bestatter ein Halsabschneider ist. Vielleicht gibt es dann ja auch schon Digitalsärge mit zwei kleinen Touchscreens. Einer müsste sich außen befinden, damit Angehörige des Verstorbenen Kondolenzschreiben etc. praktischerweise gleich vor Ort erledigen können, die dann auch augenblicklich getwittert und als Gedenkanzeige auf einer entsprechenden Website veröffentlicht werden. Der Fantasie sind keine Grenzen gesetzt, zumindest so lange, wie man noch ein EEG hat. Und natürlich müsste ein zweiter Touchscreen innen im Sarg montiert sein, für den Fall, dass der Gestorbene vielleicht doch nicht tot ist. Dann kann er weiter bei den vielen sozialen Netzwerken mitmachen und sein von den voreiligen Verwandten gelöschtes Profil wiederherstellen – und vielleicht bei der Gelegenheit endlich das Profilbild ändern; manche vollziehen das ja im Stundentakt, andere aber nie, obwohl es wirklich besser wäre. Und sollte da unten die Netzverbindung zu schlecht sein, könnte er wenigstens Moorhuhnschießen oder noch ein letztes lustiges Adventure spielen, bevor die Atemluft zu Ende geht oder er verhungert. Und stirbt jemand regulär, was an sich der Normalfall sein sollte, kann die Sache wenigstens ordentlich abgeschlossen werden:

Frank Müller
»Ich bin jetzt tot.«
36 Personen gefällt das.

12 Am Schluss

War es in der Höhle wirklich so schlecht? Eine Bestandsaufnahme

Die Steinzeit wird gemeinhin als lebensfeindliche Epoche angesehen, auf die der moderne Mensch mit Verachtung und Schaudern zurückblickt. Er hält das heutige Leben für »normal«, obwohl wir im Laufe dieser Betrachtung gelernt haben, dass der überwiegende Teil der Menschheitsgeschichte in und um die Höhle herum stattfand. Zugegeben, ein hartes Leben. Ein Leben ohne Mini-Friteuse, ohne Lenkradheizung und ohne vollautomatischen Wäschetrockner. Über Nacht kamen vielleicht Säbelzahntiger, aber keine automatischen Updates. Es sei denn, man sieht den Umstand, dass danach der Sippe ein, zwei Leute fehlten, als solche an. Hätte man bei meiner kleinen Straßenumfrage in der Bad Segeberger Innenstadt von den Passanten auch in Erfahrung bringen wollen, ob die Welt seit der Steinzeit besser geworden sei, hätten wohl alle Befragten mit einem klaren Ja geantwortet. Es ist aber wie mit der Frage nach vielen Dingen. Man sollte vielleicht vorher nachdenken, bevor man leichtfertig zustimmt.

»Also hören Sie mal«, werden Sie jetzt ausrufen. »Es steht doch außer Frage, dass sich einiges seit damals verbessert hat!« Die Menschen wurden zum Beispiel höchstens dreißig Jahre alt, wenn sie nicht vorher schon an Fleckfieber, der Antilopengrippe oder einem Jagdunfall eingingen. In der Tat, auf den ersten Blick ein bestechendes Argument, werden Menschen heute doch durchschnittlich achtundsiebzig Jahre alt. Aber auch wirklich nur auf den ersten Blick, denn wir vergleichen hier Äpfel mit Birnen, weil es sich bei diesen statistischen Berechnungen um die Brutto-Lebenszeit handelt. Um die Netto-Lebenszeit zu ermitteln, die eigentliche Lebensdauer, müssen wir von unseren heutigen achtundsiebzig Jahren die Zeit abziehen, die wir zum Beispiel für das Lesen von Gebrauchsanleitungen, das Warten auf das ständige Hoch- und Runterfahren unseres Rechners, vor allem aber für Einweisungen und Schulungen in neue, bessere EDV-Programme und deren Bedienung benötigen, um nur einige Punkte zu nennen. Im Betrieb meines Schwagers wurde eine ultramoderne Buchhaltungssoftware eingeführt. Man versprach den Mitarbeitern umfassende Arbeitserleichterungen. Vorher hatten die Buchhalter jede eingehende Rechnung mit einem Datumstempel versehen, nach Abteilungen geordnet und sie in Mappen gesteckt, die per Hauspost an den jeweiligen Sachbearbeiter (zum Beispiel an meinen Schwager) gingen. Der prüfte dann, ob die Rechnung in Ordnung war, ob man die Waren geliefert oder die Leistungen erbracht hatte. Dazu blätterte er die Mappe durch, schaute kurz die darin liegenden Rechnungen an und notierte, ob alles seine Richtigkeit hatte.

Die neue Software macht es jedoch möglich, dass fortan alle Rechnungen gleich bei ihrem Eintreffen gescannt und in einer Datenbank, geordnet nach den jeweiligen Abteilungen, abgelegt werden. Der zuständige Mitarbeiter erhält dazu eine E-Mail, die ihn auffordert, das Buchhaltungsprogramm zu starten, für jede Rechnung eine Datei zu öffnen, diese zu bestätigen, einen begleitenden Text in ein anderes zu öffnendes Fenster zu schreiben und danach die gesamte Datei abzuspeichern. Immerhin lässt sich wohl positiv feststellen, dass die Buchhaltungsmitarbeiter nun nicht mehr stempeln und Blätter in Mappen sortieren müssen. Dafür kann ich meinen Schwager nicht mehr erreichen. »Er macht irgendetwas mit so einer Software«, entschuldigt ihn meine Schwägerin mit Tränen in den Augen, er komme jetzt häufig erst um Mitternacht von der Arbeit und habe neulich nicht mal mehr seine Kinder erkannt, so überarbeitet sei er gewesen. Tatsächlich braucht das Bearbeiten einer einzelnen Datei genauso lange wie früher das Durchblättern einer gesamten Arbeitsmappe. Aber es ist natürlich fraglos besser, weil digital.

Der Steinzeitmensch kannte diesen Benefit nicht. Dafür musste er sich aber auch keine PINs merken. Weder Höhleneingang noch Keule waren durch Passwörter geschützt, was den Vorteil hatte, dass er weder eine Liste mit verschlüsselten Hinweisen führen oder sich dämliche Fragen nach Lieblingstieren merken musste. Es hätte auch keinen Sinn gehabt, da es ohnehin immer »Bison« oder »Mammut« gewesen wären, den Säbelzahntiger mochte ja niemand. Weitere Netto-Lebenszeit sparte der Steinzeitler, weil er keine Passwörter zurücksetzen lassen oder eine Super-PIN oder gar einen PUK anfordern musste.* Anders als ich, der ich neulich mein Smartphone anschaute und nicht mehr wusste, welche Ziffern ich da einzugeben hatte. Sie waren einfach wie weggeblasen aus meinem Schädel, und ich fühlte mich alt und nutzlos. Glücklicherweise tröstete mich ein Arbeitskollege, der mich daran erinnerte, dass man sich heutzutage schließlich eine Menge Ziffern merken müsse – oder alternativ die Namen von Exfreundinnen. Experten verweisen allerdings darauf, dass Passwörter wie »Cindy21« im Zeitalter von Cyberkriminalität längst nicht mehr sicher sind. Das ideale Passwort laute stattdessen: »fhjskf_45+##sjurz<§«. Also natürlich nur das Passwort für den Facebook-Account. Für das Online-Banking wäre vielleicht eher »67uukpldg#µ3« geeignet, selbstverständlich nur dann, wenn diese Zeichenfolge vollkommen willkürlich gewählt ist und keinerlei Bezug zu unserem Leben hat, weil sonst ein aufmerksamer Cyberdieb trotzdem dahinterkommen könnte. Na ja und so weiter. Man braucht ja auch noch Passwörter für den Twitter-Account, Amazon, eBay, Kreditkarten, EC-Karte, Payback-Karte, andere Rabattkarten, für das Miles & More-Konto, den Bahnbonuspunktestand,** die Wohnungstür,

* Sie haben keine Ahnung, was das ist? Es ist der »Personal Unblocking Key«, man könnte es auch mit »Persönlicher Entsperrungsschlüssel« übersetzen.

** In diesem speziellen Fall nutzt allerdings auch das beste Passwort nichts. Näheres im Goldmann-Buch *Der Anschlusszug konnte leider nicht warten …*

den Firmeneingang, Smartphone, Tablet-PC, Heim-PC, Arbeitsrechner, WLAN-Router, Bluetooth-Funktion im Auto, für den privaten und den dienstlichen E-Mail-Account, fürs Diensthandy, die Einwahlsoftware für Home Working, diverse Software, die man beruflich nutzt – um hier wirklich nur einige Dinge zu nennen, die man besser mit einem komplizierten Passwort schützt. Eine Zeit lang hatte ich hierfür eine Passwortliste, die ich natürlich mit einem Passwort gesichert hatte.

Nein, jetzt kommt nicht der Treppenwitz, dass ich dann das Passwort für die Passwortdatei vergessen habe. Es war viel schlimmer: Mir war gleich das Passwort für den ganzen Rechner entfallen. Nachdem ich sämtliche EDV-Spezialisten in meinem Bekanntenkreis erfolglos kontaktiert hatte und auch eine Internetrecherche nach illegaler Hackersoftware ohne Ergebnis blieb, gab ich auf. Einige Wochen später bemerkte dann ein Bekannter, bei dem ich mich ausgeheult hatte, dass ich das Passwort doch groß und breit auf dem Deckel des Computers notiert hätte.

Sie merken: Der Steinzeitmensch hatte es im Grunde mit seinen dreißig Jahren viel besser als wir. Er hatte aber kein Auto, wenden Sie jetzt ein. Aber mal ganz ehrlich: Ist es dort, wo man in der Regel mit dem Wagen hinmuss, wirklich besser? Fragen wir doch einen Berufspendler, der jeden Tag eine Stunde zur Arbeit und eine weitere wieder zurückfährt, das sind im Jahr schon 440 Stunden, in zehn Jahren 4400 und in einem ganzen Berufsleben fast 20 000 Stunden. Überhaupt: Denken Sie einmal über den typischen Tagesablauf eines alleinstehenden, berufstätigen und pendelnden Angestellten nach: zwei Stunden pro Tag Auto fahren, acht Stunden schlafen, acht Stunden arbeiten. Drei Stunden gehen fürs Essen, Duschen, Anziehen und Ausziehen drauf, für die Zahnhygiene, Pediküre und Maniküre, fürs Aus- und Einräumen von Wasch- und Spülmaschine, fürs Ordnungschaffen in der Wohnung, fürs Staubsaugen und Abholen nicht zugestellter Postsendungen von der nächstgelegenen Filiale. Der Rest der Zeit muss aufgewendet werden für: Passwörter suchen, Twitter- und Facebook-Anfragen beantworten, für das Checken dienstlicher E-Mails, die trotz Feierabend bearbeitet werden müssen. (»Die Konkurrenz schläft nicht, meine Damen und Herren!«) Und wegen dieser E-Mails beziehungsweise wegen ihres Inhalts muss der besagte Angestellte SMS an seine Kollegen schreiben, schnell noch den digitalen Satellitenreceiver neu kalibrieren und den Rechner zum siebzehnten Mal starten, weil das noch nie verwendete Tabellenkalkulationsprogramm Updates verarbeiten musste (mag sein, dass dabei noch die eine oder andere Bedienungsanleitung zu lesen ist).

Viel Zeit geht ja auch mit den seltsamen Rückruffunktionen unserer Smartphones (altdeutsch: Handys) drauf. Man will jemanden erreichen, der aber gerade spricht. Sein Smartphone zeigt ihm jedoch an, dass Sie ihn kontaktiert haben. Hat der Angerufene das Gespräch beendet, ruft er zurück. Diesmal ist bei Ihnen besetzt. Auch Sie erhalten die Anzeige über den verpassten »Call«. Jetzt muss sich zeigen, wer schneller ist. Wenn man Glück hat, kommt irgendwann eine Verbindung zustande. Schön für Sie beide, aber nach dem Gespräch geht der Spaß erst richtig los, denn jetzt schalten sich die automatischen Rückruffunktionen ein, weil der jeweils andere ja aufgelegt hat. Das Handy tut nun so, als ob der Angerufene anruft. Sie gehen dummerweise dran, hören das Freizeichen, erinnern sich, dass das nur die Rückruffunktion war und unterbrechen das Nicht-Telefonat wieder. Der Angerufene jedoch denkt, Sie hätten ihn nochmals sprechen wollen – und ruft zurück. Aber jetzt ist wieder besetzt. Ihr Handy registriert den Anruf und benachrichtigt Sie per SMS. Derweil schaltet sich die Rückruffunktion des Angerufenen an, er tutet Sie an, bemerkt den Fehler … Ein Wahnsinn! Man kann sich stundenlang damit beschäftigen, es ist fast so gut wie Facebook. Und das wiederum ist Studien zufolge so gut wie Sex, was bedeutet, dass Smartphones wie Sex sind …

Aber zurück zum pendelnden Durchschnittsangestellten. Im Endeffekt kann er froh sein, wenn ihm am Tag eine freie Stunde bleibt. Der Steinzeitmensch dagegen musste lediglich schlafen, jagen, essen, grunzen und ab und zu einen kleinen Streit austragen. Er hatte nach fester Überzeugung der Steinzeitforschung rund zwölf Stunden am Tag frei. Und jetzt rechnen wir scharf nach: Wir betrachten die Netto-Lebenszeit des Steinzeitmenschen ab dem zehnten Lebensjahr, also die zwanzig Jahre, in denen er an 365 Tagen jeweils zwölf Stunden zur Verfügung hatte. Falls Ihr Smartphone nicht so gut im Kopfrechnen ist: Das waren 87 600 freie Stunden pro Steinzeitleben. Und nun vergleichen wir diesen Wert mit der Netto-Lebenszeit eines Durchschnittseuropäers unserer Tage ab dem zehnten Lebensjahr: In achtundsechzig Jahren an 365 Tagen jeweils eine freie Stunde, das macht mithin 24 820 Stunden. Wir haben heute dreieinhalbmal weniger Lebenszeit als ein Steinzeitmensch! Das ist die traurige Wahrheit.*

Wussten Sie übrigens, dass der Wert eines Menschen künftig in Social-Media-Punkten berechnet wird? Das ist so eine Art Index bei den Netzaktivitäten. Wer viel twittert, bei wenigstens drei sozialen Netzwerken registriert und aktiv ist und wer zudem mindestens zwanzig verwackelte Urlaubsbilder pro Woche postet, hat einen ausreichenden Index, um auch künftig als wertvolles Mitglied der Gemeinschaft angesehen zu werden. Wer ganz altmodisch denkt und meint, sein Privatleben gehe niemanden etwas an, und sich daher von dem ganzen Gebrabbel, Getute und Gezwitscher fernhält, ist draußen. Er existiert gar nicht. Er ist ein krasser Außenseiter, ohne Freunde und vor allem ohne Job.

»Das Internet vermittelt ein viel detaillierteres Bild der Bewerber als ein Schulabschluss, die Noten oder Berufserfahrung«, fabulierte kürzlich eine der selbst ernannten

---

* Kleingeister könnten einwenden, dass weder ein Zehnjähriger noch ein Rentner jeden Tag acht Stunden arbeiten und zwei Stunden pendeln. Aber das ist jetzt wirklich Korinthenkackerei, es geht doch um die große Linie. Auch Zehnjährige sind im Stress angesichts der Spielkonsolen, die sie von morgens bis abends bedienen müssen. Und wer weiß, was nach der Rente mit siebenundsechzig noch alles kommt.

und umschwärmten Social-Media-Expertinnen. Eine deutsche Qualitätszeitung druckte diesen Schwachsinn ungefiltert ab, nicht etwa um aufzuzeigen, dass irgendeine neue Hirnseuche in Deutschland um sich greift, sondern um diesen Erguss ernsthaft zu bejubeln. Gut, der Steinzeitmensch hatte auch keinen zertifizierten Abschluss, aber sein Wert für die Gemeinschaft wurde wenigstens in handfester Währung, also in gemetzelten Mammuts oder Nachbarn, gemessen. Oder, bei meiner genetischen Linie, in der Anzahl der Höhlenzeichnungen, das hoffe ich jedenfalls.

Angesichts solcher Entwicklungen wird sich allerdings ohnehin die Frage bald gar nicht mehr stellen, ob es in der Höhle besser war. Oder glauben Sie, dass unsere hochkomplexe und auf Technologie basierende Gesellschaft so fortgesetzt werden kann, wenn nur noch Quasi-Analphabeten auf irgendwelchen Smartphones herumtapsen und den gesammelten Blödsinn aus Trivialquatsch, umgangssprachlichem Kauderwelsch und Smileys durch die Welt zwitschern? In circa dreißig Jahren wird niemand mehr ein Buch lesen oder sich länger als dreißig Sekunden auf irgendein ernsthaftes Problem konzentrieren können. Faktisch alle Kinder haben das Aufmerksamkeitsdefizit-Syndrom, und 87 Prozent aller Arbeitnehmer sind »burned out«. Anschließend wird's eng mit Brückenbau, Flugzeugbetrieb, Wasserwirtschaft und sonstigen zivilisatorischen Errungenschaften, ohne die es jedoch sehr düster aussehen könnte. Dann übernehmen entweder die Chinesen das Ruder, falls die klüger sind als wir. Oder es geht zurück in die Höhle, und selbst da sehe ich schwarz, weil es nicht genügend Mammuts für sieben Milliarden Menschen gibt. Im Grunde gibt es überhaupt keine Mammuts mehr, und es können nicht alle von Crunchy Nuts oder Kinder Country leben, auch wenn da wertvolle Cerealien drin sind, oder sich etwas von Amazon liefern lassen, zumal irgendwann keiner mehr weiß, wie man die entsprechenden Nahrungsproduktionsmaschinen bedient, geschweige denn repariert oder gar neue baut. Allerdings rasen die Bevölkerungszahlen vorher noch steil in den Keller, denn von Cybersex wird man einfach nicht schwanger, und außerdem hat ja niemand mehr Zeit, eine ernsthafte Beziehung zu führen, wenn er ständig an seinem Aktivitätsindex arbeiten und alle diese Geräte bedienen muss, mit denen man dann »Nachrichten« verbreitet wie »Uhh, ist das hier geil« oder »Wow, endlich Hamburg oder Frankfurt, oder ich weiß auch nicht, wo ich hier bin, aber es ist endkrass rund um mein Handy …«*

Herrje! Ein normales soziales Gefüge geht eben in die Grütze, wenn erwachsene Menschen in Talkshows verbreiten, ihre Heimat sei »das Internet«. Klar, und ihre Eltern haben diese Verwirrten auf Facebook gezeugt. Ich bin sicher, wir sterben aus, denn wir leben in Zeiten von »Orte das Handy deines Freundes« oder Klout, Netdate, StayFriends, Pillepallepups und wie die ganzen Blödsinns-

---

* Die schweren Grammatik- und Rechtschreibfehler denken Sie sich bitte einfach dazu.

portale heißen, wo einem die gefälschten Profilbilder der User suggerieren, es gäbe permanent bessere Alternativen zum aktuellen Eheleben. Hallo? Hört mich denn keiner? Das muss *schiefgehen!* Vielleicht sollte ich meine Gedanken twittern, aber da ist die Zeichenzahl begrenzt.

Neulich traf ich eine aus meiner Perspektive junge Frau, die total beeindruckt war, mit einem echten Autor zu sprechen. Sie würde auch gern mal ein Buch lesen, erzählte sie, aber das sei ja voll-ultra-anstrengend. Im nächsten Urlaub jedoch, da hätte sie sich vorgenommen, eine *Bild*-Zeitung durchzublättern. Sie lächelte bei ihren Worten und gab gleich einen entsprechenden »Reminder« in ihr Smartphone ein. Ich schaute die Frau fassungslos an und war mir ab der Sekunde sicher, dass da vor ein paar tausend Jahren irgendetwas mit der Menschheit ganz fürchterlich danebengegangen war, als man beschloss, nicht mehr wie in den Millionen Jahren zuvor in Höhlen zu leben, an Mammutknochen zu nagen und ab und zu mal einem Nachbarn den Schädel einzuschlagen. Wenn's denn notwendig war.

Dank

An dieser Stelle möchte ich all den Menschen danken, ohne die dieses Buch nie zustande gekommen wäre. An erster Stelle natürlich Barack Obama, der immer an mich geglaubt hat. Wir gingen als Kinder in dieselbe Gruppe im katholischen Kindergarten St. Marien in Dortmund-Marten, und ich werde nie vergessen, wie er schon damals mit Pathos und Vision alle kleinen Mitstreiter der Bären-Gruppe in seinen Bann zog. Einmal saßen wir zusammen im Sandkasten, und ich war recht verzweifelt, weil es mir einfach nicht gelingen wollte, mit dem Mondförmchen einen glatten Sandkuchen zu backen. Da nahm mich Barack in den Arm, sah mir ganz tief in die Augen sagte: »Ick weisse, daz du es kannz.« Er sprach schrecklich Deutsch. Aber dann machten wir es gemeinsam, und – es gelang. Yes, we could!

Mein Dank gilt natürlich auch und vor allem meiner Ehefrau Chantal und meinen fünf bildschönen Töchtern. Ohne die Unterstützung meiner Familie wäre ich heute nicht dort, wo ich bin. Hinter jedem erfolgreichen Autor steht nämlich …

Gerade rief meine Lektorin an und meinte, es sei doch höchst unwahrscheinlich, dass ich mit Barack Obama in die Kita gegangen sei. Und sei ich wirklich mit einer

Chantal verheiratet? Nein, sagte ich, aber ich hätte unter schrecklichem Zeitdruck gestanden und daher notgedrungen das Nachwort von meinem iPad verfassen lassen, das dabei anscheinend etwas durcheinandergebracht habe. Das gehe nun aber wirklich nicht, antwortete die Lektorin. Dies sei schließlich ein Qualitätsbuch und müsse daher von der ersten bis zur letzten Zeile vom Autor selber geschrieben werden. Zerknirscht stimmte ich zu. Denn wo kämen wir hin, wenn Schriftsteller künftig nur noch Stichworte aufsagen müssen und der Tablet-PC aus ihnen wahlweise Romane, Sachbücher oder Gedichte gegen Israel erstellt? Ich möchte es mir gar nicht ausmalen …

Wenn Sie sich jetzt aber fragen, warum dieser schlechte Text trotzdem hier am Ende des Buchs steht, kann ich nur antworten: Ich weiß es nicht!

Vielleicht wurde inzwischen die Lektorin durch eine App ersetzt. Oder der ganze Verlag. Aber keine Sorge: Die Vorlese-App auf Ihrem Smartphone oder Tablet-PC oder einem Gerät, das seit Drucklegung dieses Buchs erfunden wurde, diese App wird das Nachwort ebenso wie circa 97,5 Prozent des übrigen Inhalts mit Blick auf eine schnellere und angenehmere Rezeption entfernen und Ihnen praktischerweise nur eine sehr prägnante Zusammenfassung der Key Facts liefern, die da wären:

- Die Technik wird immer komplizierter.
- Ständig kommt etwas Neues, ständig ändert sich die Bedienung.

- Schon in der Steinzeit war im Grunde alles besser.
- Nix funktioniert, dauernd muss man sich über den technischen Scheiß ärgern.

Sehen Sie: Und früher hätten Sie dafür das ganze Buch lesen müssen!